城市轨道交通建设工程绿色文明施工标准化管理图册

丁树奎　张树森　刘天正　乐贵平　等　著

中国铁道出版社有限公司

2019年·北京

图书在版编目(CIP)数据

城市轨道交通建设工程绿色文明施工标准化管理图册/丁树奎等著. —北京:中国铁道出版社有限公司,2019. 5
ISBN 978-7-113-25748-4

Ⅰ. ①城… Ⅱ. ①丁… Ⅲ. ①城市铁路—铁路工程—工程施工—标准化管理—图解 Ⅳ. ①U239. 5-64

中国版本图书馆 CIP 数据核字(2019)第 081913 号

书　　名:城市轨道交通建设工程绿色文明施工标准化管理图册
作　　者:丁树奎　张树森　刘天正　乐贵平　等

责任编辑:梁　雪　　　**编辑部电话:**010-51873193
封面设计:郑春鹏
责任校对:苗　丹
责任印制:高春晓

出版发行:中国铁道出版社有限公司(100054,北京市西城区右安门西街 8 号)
网　　址:http://www. tdpress. com
印　　刷:中煤(北京)印务有限公司
版　　次:2019 年 6 月第 1 版　2019 年 6 月第 1 次印刷
开　　本:880 mm×1 230 mm　1/16　印张:9　字数:274 千
书　　号:ISBN 978-7-113-25748-4
定　　价:99. 00 元

编　委　会

前　　言

绿色发展理念是习近平新时代中国特色社会主义思想的重要内容之一。党的十八大以来，习近平总书记四次考察北京市并发表重要讲话，为我们做好新时代首都轨道交通工作提供了根本遵循。北京轨道交通建设牢固树立和贯彻新发展理念，处理好发展与保护的关系，推动形成绿色发展方式和生产方式，努力实现轨道交通建设和安全文明施工协同共进。按照轨道交通建设的整体性、系统性及内在规律，统筹考虑建设各要素，全线路、全方位、全区域、全过程开展绿色文明施工。北京市轨道交通建设管理有限公司组织编制了《城市轨道交通建设工程绿色文明施工标准化管理图册》。

北京市是国内最早建设地铁的城市。北京市在修建地铁1号线、2号线时，是全市人民一起动手修建；后来修建地铁13号线、八通线等线路时，是全市人民支持修建；再后来就是安安静静地修建，对城市运行、百姓生活、社会环境尽量无干扰。新时代新使命，作为首善之区的轨道交通，一定要安全建造、绿色建造、文明建造、高效建造、和谐建造。该《图册》是北京轨道交通建设管理过程中绿色文明施工价值观、认识论、实践论和方法论的总集成，对于推动安全施工、绿色施工、文明施工具有很强的科学性、指导性、普适性、针对性、操作性。《图册》共13章，按照轨道交通建设项目施工进程设置，包括场容、场地、办公、生活区建设篇，小型设施建设及防护篇，消防安全篇，安全保卫、工程维稳、职业健康篇，交通导改工程篇，管线改移及保护篇，明挖工程篇，暗挖工程篇，盾构工程篇，降水工程篇，设备安装及装饰装修篇，轨道工程篇，信息化管理篇等。既明确了相关要求，又配置了实例图或效果图。编委还组织梳理了“绿色文明施工标准化管理实施方案编制依据”“北京轨道交通工程施工现场安全标志、标识牌设置规定(试行)”“相关规范、规程对施工现场标志标识的汇总”“标准、规范、规程对应风力停止施工作业的规定”四个文件，有效补充并丰富了《图册》内容。我们希望该《图册》有助于推动轨道交通绿色文明施工“系统化、专业化、标准化、精细化”水平不断提高。

该《图册》编制过程中，得到了有关政府部门、行业协会(学会)、国内各兄弟单位、各参建单位及社会各界的大力支持，在此一并表示感谢！

由于编写人员水平有限，工作中难免存在不足和疏漏之处，敬请批评指正。

编委会

2019年4月

目　录

第一章　场容、场地、办公、生活区建设

序号	名称	相　关　要　求	实例图/示意图
1	大门及门垛	1. 大门宽 5~10 m，高不低于 2 m。 2. 大门门垛尺寸高 3 m，长×宽=0.8 m×0.8 m。 3. 岗亭一侧设置员工出入通道，尺寸宽度按有关标准执行。 4. 场区设专人负责大门日常清理和维护。 5. 占道的工地大门应贴反光警示标志并有相应的防撞措施，防止交通事故发生，反光膜使用应为高强级以上产品。 6. 大门可采用电动大门，也可采用铁大门；项目部大门宜采用电动大门、工区宜采用铁皮大门。 7. 大门底色、立柱为中标企业标准色。 8. 大门标注中标公司 Logo 标志。 9. 铁质大门可根据撤场后保存的完整程度考虑周转使用。	 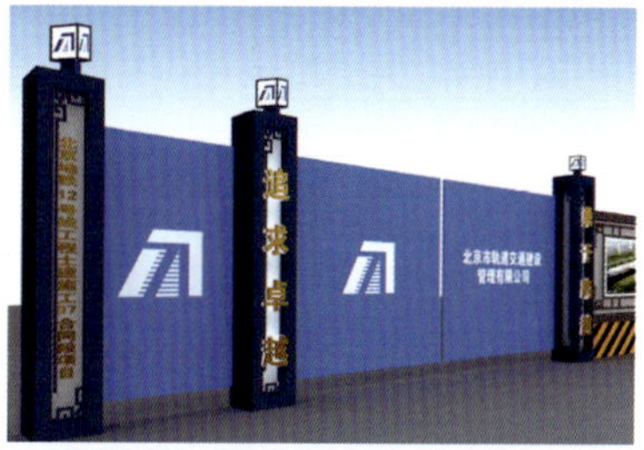
2	砖砌围墙	1. 砖砌围墙墙体厚度不小于 240 mm。 2. 每块墙面宽 5 m（相邻两墙垛之间距离，且包含柱墩），高不低于 2.5 m，其中防撞基座高 0.6 m（临近道路侧的为 300 mm 涂刷反光警示标志砖墙+300 mm 粘贴灰色面砖；其他为 600 mm粘贴灰色面砖），墙体高 1.9 m。 3. 根据地形在砖墙上对应设置排水孔。 4. 内外侧墙面抹灰后刷白。 5. 围墙外侧底部 300 mm 范围内刷涂反光警示标识，警示标识之上 300 mm 范围内粘贴青色面砖。 6. 围墙中加宣传橱窗。 7. 墙面中间框内粘贴或锚固宣传标语图案。 8. 围墙宣传标语、宣传内容应围绕地铁建设、企业介绍、和谐中国等内容，可从中国文明网选择相应内容，不得有广告、商业内容。 9. 定期维护清理，保持围墙整洁美观。	 

续上表

序号	名称	相　关　要　求	实例图/示意图
3	钢结构围墙	1. 围挡下部挡水墙采用砖砌墙，高度 600 mm，宽度 240 mm；贴具有反光性能的警示标识。 2. 围挡及旗帜使用轨道公司标志。 3. 距路口 20 m 以内的围挡上部为钢护网。 4. 围挡板结构应稳定、耐腐蚀、防火、环保，并具有吸隔声功能，遇水不变形、不降低强度；要求抗 10 级风，防火等级 A 级，吸声开孔朝向工地内侧，吸声系数 0.5 以上，隔声量 35 dB 以上。 5. 围挡上部内置 LED 灯。 6. 钢结构围挡钢柱下方采用地脚膨胀螺栓与柱端头板连接，每个螺栓竖向抗拔力不小于 10 kN〔根据北京市建委下发文件要求：①建筑工程基础±0 以上部位禁止使用实心砌块（水泥砖除外）；②本市中心城区、北京经济技术开发区、新城地区、全市所有政府投资建设工程使用的砌筑、抹灰、地面类砂浆，应当使用散装预拌砂浆〕。 7. 围挡设置要请专业公司进行检算，考虑气候对其危害，确保强度安全。 8. 在适当位置喷绘二维码，扫码后内容主要包括：围挡生产厂家、建造时间、日常维护负责人等。 9. 围挡宣传标语、宣传内容应围绕地铁建设、企业介绍、和谐中国等内容，可从中国文明网选择相应内容，不得有广告、商业内容。定期维护清理，保持整洁美观。 10. 围挡应定期清理保洁，无破损，无小广告。	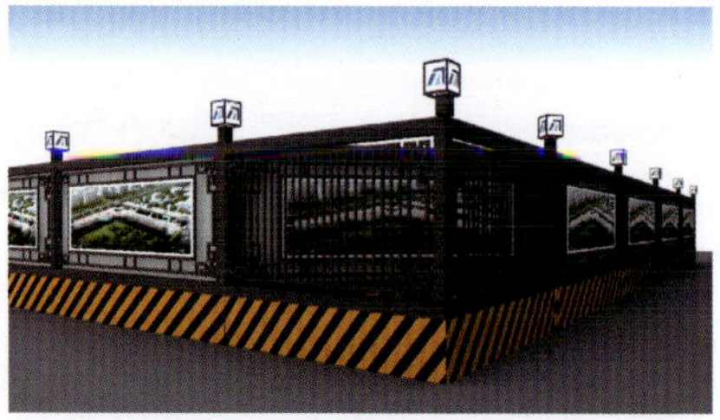  
4	围挡灯具	1. 每个墙垛上均应设置灯具。 2. 灯具 300 mm×300 mm，四边宽 20 mm，立面内退 10 mm，贴轨道公司标志，底座 180 mm×180 mm，高 60 mm。 3. 柱灯走线通过围墙压顶时预埋 20 mm 的 PVC 管材，大门灯尺寸为其 1.5 倍。 4. 钢结构围栏柱头顶部灯具为其三分之二（包括边框），临时围挡柱头为装饰件，尺寸为其一半。 5. 定期维护，保持整洁美观，以免破损。	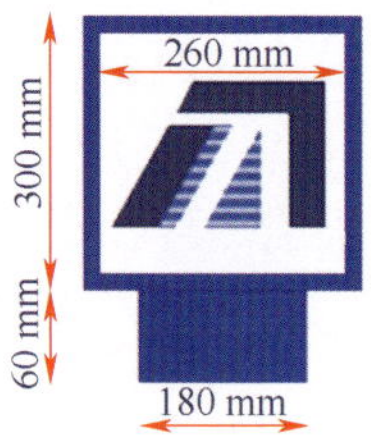

续上表

序号	名称	相关要求	实例图/示意图
5	场区洗车槽	1. 洗车槽放置位置:场区大门内侧。 2. 洗车槽设置满足现场需要。 3. 洗车槽冲洗效果需能满足环保要求。 4. 定期清理。 5. 可根据现场条件设立集水井,井内的污水经沉淀池有效处理后再次利用,应配备相应的可回收、处理、循环使用冲洗水重复利用的设备。	
6	三级沉淀池	1. 沉淀池最少设置三级沉淀。 2. 沉淀池处理排放水质需达到北京市排水相关标准。 3. 应考虑水资源的重复利用。 4. 沉淀池应定时清理维护,保证沉淀效果。	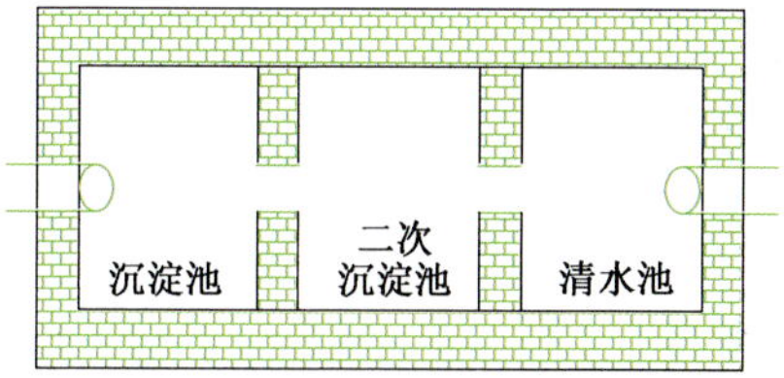 沉淀池平面图 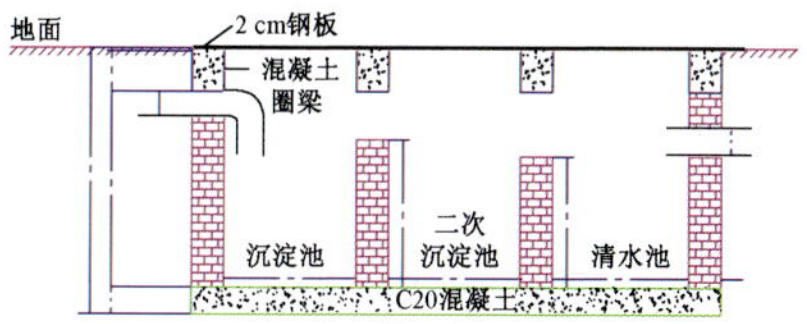 沉淀池剖面图
7	隔油池	1. 食堂必须设置隔油池,隔油池处理后排放水质需达到北京市排水相关标准。 2. 食堂隔油池大小可以根据实际情况定制。 3. 隔油池要定期清理,并建立清理记录台账。	

续上表

序号	名称	相　关　要　求	实例图/示意图
8	化粪池	1. 化粪池必须使用玻璃钢等无渗漏材料进行制作。 2. 化粪池根据设计地质勘察报告及所选钢化玻璃化粪池的结构尺寸，结合实地实际情况选择。 3. 化粪池要定期清理，并建立清理记录台账。	
9	地面硬化	1. 场区范围内必须全部硬化、绿化，无裸露土体。 2. 硬化能满足车辆行驶需要。 3. 根据道路用途分为轻载干道路面、重载道路。 4. 施工道路采用挖掘机清除表面填土并平整压实，详细参数参考示意图或道路相关规范要求。	
10	物资标识牌	1. 标识牌使用车贴 PVC 材质喷绘。 2. 标识牌框架中间留空，使用抽插式，便于标识牌的更换。 3. 推荐使用二维码动态管理。 4. 标示牌底座要厚重，避免被风吹倒。	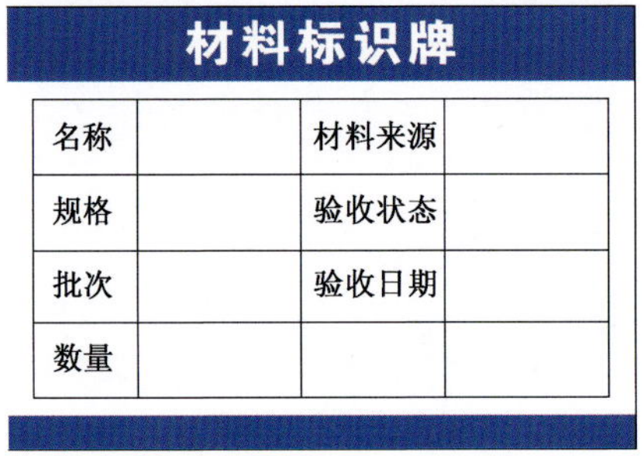 

续上表

<table>
<tr><th>序号</th><th colspan="2">名称</th><th>相关要求</th><th>实例图/示意图</th></tr>
<tr><td>11</td><td colspan="2">物资材料码放</td><td>1. 物资材料码放区域需在平面布置图内体现。
2. 物资材料码放区域必须经过相关验算,码放平台需经过验收后方可使用。
3. 场区内的材料应分类、分规格型号、分批号存放,材料堆(码)放高度不超过 1.5 m。若地方政府或业主的安全文明施工规范对现场材料存放有明确要求,可遵其标准执行。
4. 钢筋存放架可采用工字钢、钢管焊接制作,钢管刷黑黄相间油漆。
5. 依据施工组织设计,施工总平面布置图设置,材料堆(码)放区满足施工要求。</td><td></td></tr>
<tr><td rowspan="3">12</td><td rowspan="3">配电防护</td><td>一级箱</td><td rowspan="3">1. 施工现场严格按照规范执行 TN-S 接零保护系统。
2. 按规范要求采用三级漏电、逐级保护系统,确保施工用电的安全可靠性。
3. 对配电柜进行编号,专职电工每天对现场的临电设施及用电设备进行安全巡检,及时排除用电安全隐患。
4. 配电箱处悬挂操作规程、警告标牌、责任人及联系方式,配置灭火器。
5. 定期维护清理,保持整洁美观。</td><td></td></tr>
<tr><td>二级箱</td><td></td></tr>
<tr><td>三级箱</td><td></td></tr>
</table>

续上表

序号	名称	相关要求	实例图/示意图
13	九牌两图	1. 放置在场地大门两侧或醒目处。 2.“九牌”:工程概况牌;管理人员名单及监督电话牌;施工现场安全生产管理制度;施工现场消防保卫管理制度;施工现场绿色施工管理制度;施工现场环境保护管理制度;施工现场重大危险源公示栏;施工现场安全宣传、评比、曝光栏;建筑工人维权须知牌。“两图”:施工现场总平面布置图、公共突发事件应急处置流程图(《绿色施工管理规程》DB11/513—2015)。 3. 施工单位应根据空气重污染预警响应级别启动应急预案,减少或停止污染物排放施工作业,并在施工现场明显位置处悬挂空气重污染应急措施公告牌。 4. 定期维护清理,保持整洁美观。	
14	施工生活区隔离	1. 现场生活区与施工区之间应进行隔离。 2. 通过围墙或安装护栏进行隔离。 3. 场内设置隔离栏、防撞柱、危险警告指示标志。 4. 站外设备或施工围挡所悬挂的禁止攀跨、有电危险标志牌应按国标图形,制作反光识别效果好、耐候时间长的标准化产品。 5. 隔离墙设置宣传牌,突出项目特色和主题。 6. 隔离栏设置一道栏杆,阻止机动车辆进入。 7. 场地条件允许时设置绿化池或花池,美化环境。	
15	预拌料罐建设	1. 预拌砂浆罐上方配备防爬装置和醒目的安全警示标志。 2. 预拌料罐需配备良好的除降尘设施。 3. 必须有专业安装使用方案并配备专用电箱,安装完成后,必须经安全部门验收后方可使用。 4. 在料罐醒目位置设置材料标示牌,要求标准、美观,并定期清灰。 5. 预拌料罐应全部喷漆(防锈 1 遍,漆色 1 遍),在迎向外界的一侧为蓝底白字的醒目标识。	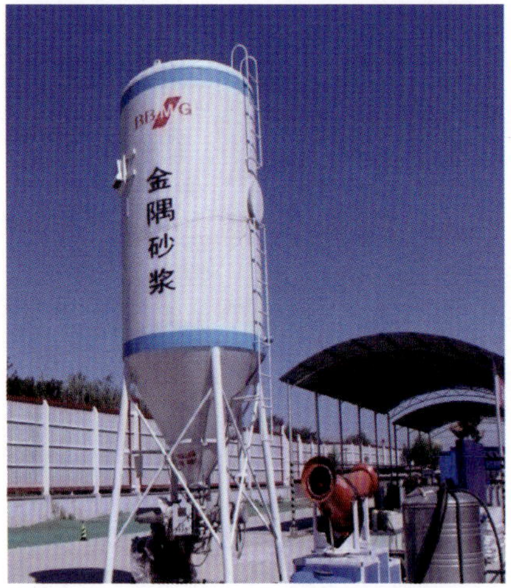

续上表

序号	名称		相关要求	实例图/示意图
16	全封闭施工	竖井封闭	1. 现场施工竖井必须进行全封闭管理。 2. 竖井封闭必须进行专项设计,应力验算、强度刚度必须满足规范要求。 3. 全封闭竖井必须有专项施工方案,并按规定进行审批。 4. 面板材料:采用复合隔音板,面板须结构稳定、耐腐蚀、防火、环保,并具有吸声和隔声功能,遇水不变形、不降低强度。要求抗 10 级风,防火等级 A 级,吸声开孔朝向内侧,吸声系数 0.5 以上,隔声量 35 dB 以上。顶棚板与面板材料相同。 5. 安装单位需提供有资质设计院盖章的施工图,并附计算书,满足竖向(自重及冬季积雪)、横向荷载(抗风)要求。 6. 全封闭内应有除、降尘及降噪措施。 7. 明挖车站罩棚根据文件具体要求落实。 8. 企业宣传标示:尽量设置,根据实际确定,政府业主有特殊要求除外。 9. 标示标牌要求:包封系统渣土仓、拌和站、各种进出通道均应粘贴标识牌。 10. 顶棚采用透光阳光板。	 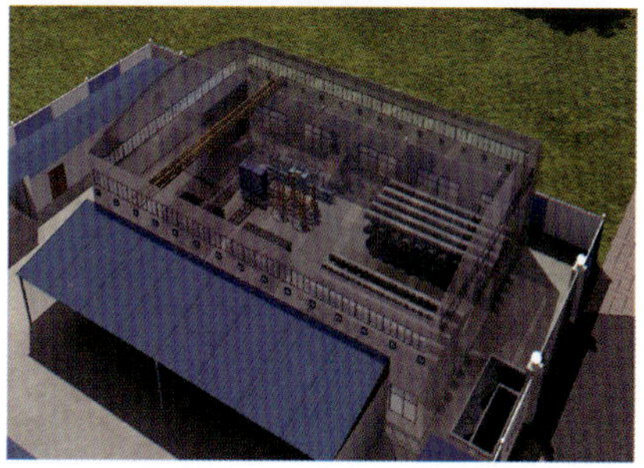
		明挖基坑封闭	1. 经政府文件明确要求的车站或轨道公司要求加盖罩棚的车站进行全封闭管理。 2. 加盖车站罩棚必须由专业设计单位设计,并经过受力验算。 3. 车站罩棚必须有专项施工方案,方案由集团公司级审批,并报监理审批,经专家论证后实施。 4. 车站罩棚必须采用阻燃材料,A 级防火。	
17	弃渣场		1. 弃渣场外侧悬挂安全、消防、文明等施工用语。 2. 在适当位置设置安全警示标识。 3. 渣土口储备仓安装电动提升门,不外运土方时卷帘门处于关闭状态。 4. 配备除、降尘设施。 5. 定期维护清理,保持整洁美观。	

续上表

序号	名称		相关要求	实例图/示意图
18	空压机房		1. 空压机房四周围挡面板及顶棚采用复合吸隔声板(厚度≤50 mm);外表面深蓝色,平面要求板结构稳定、耐腐蚀、防火、环保,并具有吸声和隔声功能,遇水不变形、不降低强度。要求抗 10 级风,防火等级 A 级,吸声开孔朝向内侧,吸声系数 0.5 以上,隔声量 35 dB 以上。 2. 配备灭火器等消防器材。 3. 设置安全警示标示牌和责任人标识牌等。 4. 空压机日常需要定期保养维修。 5. 空压机房定期进行噪声检测,并有噪声检测记录。 6. 推荐使用永磁变频空压机,比普通的空压机节省 35% 左右电能。	
19	钢筋加工棚	全封闭	1. 钢筋加工棚按照北京市建设工程施工现场标准化图集搭设。 2. 钢筋加工区域地面进行全硬化处理。 3. 全封闭钢筋加工棚四周和顶部采用阳光板和彩钢板相结合的形式,采光效果良好。 4. 加工场顶棚四周设置宣传标语、内部悬挂加工机具安全技术操作规程。 5. 场内按照方案要求布置机械、用电设备及定型化钢筋加工台座。 6. 原材料存放区采用混凝土枕梁、工字钢,预埋工字钢进行间隔,枕梁和工字钢均刷红白油漆,并设置好材料标识牌。 7. 加工棚采用装配式方式安装,拆除后可再次周转使用。	  

续上表

<table>
<tr><th>序号</th><th colspan="2">名称</th><th>相 关 要 求</th><th>实例图/示意图</th></tr>
<tr><td>20</td><td colspan="2">氧气室乙炔室</td><td>1. 氧气室、乙炔室分开设置，且远离生活区、配电箱等消防重点区域。
2. 氧气室、乙炔室标识牌、安全使用规程张贴在显要位置。
3. 正面粘贴安全标示牌，标明责任人。
4. 库存不多于 5 瓶。
5. 气瓶应分类储存，库房内通风良好；实瓶和空瓶同库房存放时，应分开设置，空瓶和实瓶间距不应小于 1.5 m。</td><td>
</td></tr>
<tr><td>21</td><td colspan="2">应急物资库</td><td>1. 施工现场应设置应急物资库，做到专库专用。
2. 应急物资存放充足，各类应急物资标识牌张贴到位，只做应急不得他用。
3. 应急物资库专人看管，房门外必须张贴看管员联系方式。
4. 应急物资库必须建立管理台账，悬挂管理规定。
5. 每工区均要设置应急物资库。
6. 应急设备提前试用，满足应急抢险要求。
7. 应急物资消耗后要及时补充。</td><td></td></tr>
<tr><td rowspan="2">22</td><td rowspan="2">材料库</td><td>材料库</td><td>1. 制定仓库管理办法并在明显位置悬挂。
2. 配备灭火器、灭火毯等消防器材及相关疏散标志。
3. 保证低压照明。
4. 库房物资钥匙由现场材料员保管。
5. 大门上方安装仓库名称标识牌。
6. 材料库内物资有详细的台账，包括进库台账、出库台账等。
7. 物资库由材料员负责日常整理及管理。
8. 建议循环重复使用。</td><td></td></tr>
<tr><td>货架</td><td>1. 物资库配置统一规格货架，货架上的材料分类整齐码放并有明显标识。
2. 材料货架为成品货架，退场后可周转再次使用。
3. 配备灭火器、灭火毯等消防器材。
4. 建议循环重复使用。</td><td></td></tr>
</table>

续上表

序号	名称	相 关 要 求	实例图/示意图
23	企业标志样式	1. 企业标识作为一种特定的符号,是企业形象、特征、品牌、文化的综合和浓缩。 2. 为使标识造型达到统一化、标准化的识别目的,本标识的整体造型、比例详细参照图。 3. 企业标识色彩使用规范是为企业形象宣传时提供的标准色,使用时必须严格遵循,以达到企业视觉识别统一化、标准化的目的。 4. 中标企业的标识可应用于大门,竖井封闭场棚,项目部外墙、围挡等均可设置企业标识。 5. 标识的悬挂应符合《北京市牌匾标识设置管理规范》(京管发〔2017〕140 号)。	
24	走廊基本布置	1. 所有临设走廊必须设置成封闭形式,外观简约整洁大方,落地窗临设二层以上设置栏杆扶手,高度不小于 900 mm。 2. 二层以上不得加装防盗网。 3. 每层都要设置紧急逃生通道,有明显标识,并安装应急照明系统。 4. 走廊设置垃圾箱、消防器材,逃生通道要设置消防逃生标识。 5. 每层走廊设置摄像头。 6. 楼梯口设置导向标识牌。	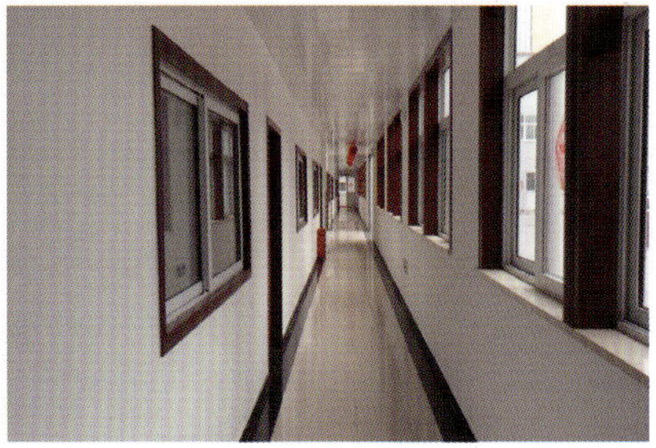
25	项目经理室	1. 布置整洁卫生、简单雅致,富有企业特色。 2. 悬挂项目部经理岗位职责。 3. 风格简洁大方。	

续上表

序号	名称		相关要求	实例图/示意图
26	辅助图应用形式	项目部	1. 项目部临时建筑物的设计、安装符合相应资质条件要求,验收手续齐全。 2. 临时建筑物的材料应符合消防规范燃烧性能等级要求,每层建筑面积满足消防要求。 3. 临时建筑物防雷接地完善,有验收测试记录。 4. 临时建筑物内导向标识明确,应急通道畅通,满足消防要求。 5. 项目部楼房不得高于三层,且按规定设置应急照明及烟感等设施。 6. 项目部办公、生活区布设应合理、紧凑,项目部各部室采用集中办公。 7. 一层设置门厅及相应的宣传牌和宣传标语。	 
		旗台与旗帜	1. 各项目经理部旗杆、旗帜含公司 Logo,旗杆高度符合相关规定。 2. 要求三个旗帜(从里向外,面对大门)分别为中间国旗、左为轨道公司旗帜、右为企业旗帜,位置如图例所示。 3. 企业口号粘贴于旗台正面 45°斜面上,字体为粗黑体,材质为铜字,色彩为金色。 4. 国旗为 2 号旗,企业旗为 3 号旗,旗帜选用尺寸为 2 400 mm×1 600 mm。 5. 定期维护旗台及旗帜。 6. 有条件的施工现场,在旗杆前设置花坛、绿化等。	
27	活动室		1. 项目部应设置业余党校、职工夜校及工人夜校。 2. 教室应设在一楼。 3. 教室安装适当数量烟感报警器,保护范围覆盖整个教室。 4. 设置夜校标志及学习标语。 5. 教学配备多媒体投影仪。 6. 设立学习园地活动板块。 7. 建立学习制度。	

续上表

序号	名称	相关要求	实例图/示意图
28	会议室布置	1. 大会议室设置在一楼。 2. 大会议室至少设置两门,门朝疏散方向开启。 3. 会议室外观简约大方,室内清洁整齐。 4. 会议室悬挂五图图标包括:安全保证体系图、质量保证体系图、项目组织机构图、工程环保体系图、项目管理体系图。 5. 会议室配备投影设施、麦克。	 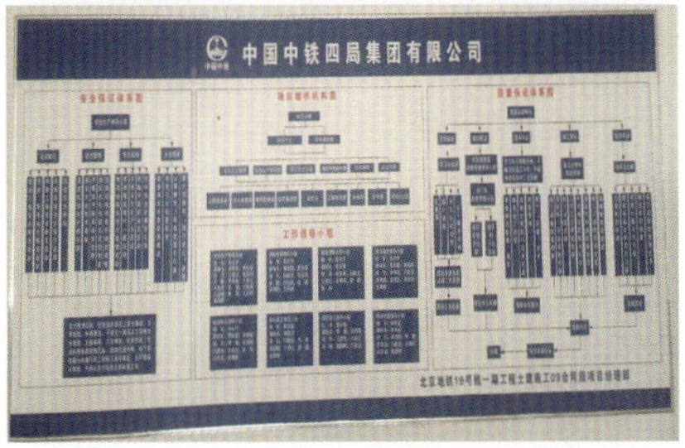
29	办公室布置 联合大办公室	1. 部门办公室集中办公为主。 2. 采光照明满足光线要求,通风良好。 3. 办公室悬挂岗位职责图。 4. 文件柜满足防盗、防潮、防虫、防鼠咬要求。 5. 门外悬挂部门铭牌。 6. 部室风格简洁大方、温馨干净。	 

续上表

序号	名称		相 关 要 求	实例图/示意图
30	宣传栏样式及布局	指引牌	1. 指引牌用不锈钢、铝塑板等。 2. 指引牌在项目区域分界处设置。	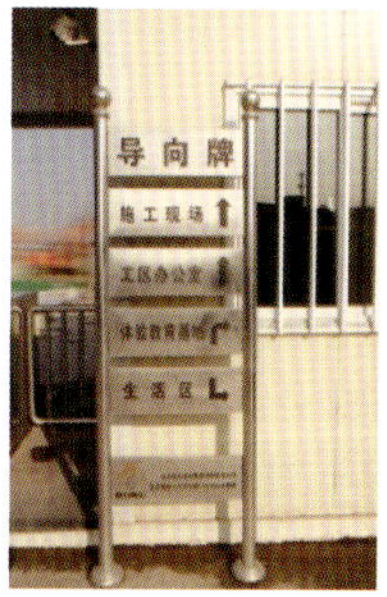 
		宣传栏	1. 宣传栏用不锈钢、铝塑板等。 2. 每个宣传栏尺寸以 2 m×1 m 为宜，距离地面不低于 0.8 m。 3. 可视场地情况设置整体宣传栏。 4. 上端为蓝底白字“组合徽标+XX 集团公司”。 5. 中间内容根据项目实际设置。	 
31	职工餐厅及布局	职工食堂	1. 食堂卫生、洁净，各种食品分类存放、标识清晰，配置留样柜。 2. 建立食堂操作人员体检和健康台账。 3. 食堂内部悬挂食堂管理规章、卫生标准、理念套图、精品工程照片等。 4. 职工食堂要求整洁实用。 5. 各类制度框图参照标准牌图，食堂选用提示照片应体现出和谐、温馨的氛围。	
		小餐厅	1. 小餐厅要求整洁大方实用，简单装修。 2. 小餐厅应布置清洁卫生、简单雅致，富有企业特色。	

续上表

序号	名称		相关要求	实例图/示意图
31	职工餐厅及布局	相关证书	1. 食堂必须完善食堂管理制度，公示《食品经营许可证》、《公共卫生从业人员健康检查证明》及《卫生法规知识培训合格证》。 2. 食堂罐装燃气应设置专门库房存放，远离火源点；采用电加热的厨房设备应有可靠的漏电保护装置，配电箱内配线标识清晰。 3. 厨房设置油烟分离器和油水隔离池，并定期清理、记录。 4. 食堂操作人员定期体检，具备健康证，上岗人员着装整洁并符合卫生要求；生活垃圾定期及时清理，保证环境卫生整洁。 5. 相关证书及时办理，到期及时补办。	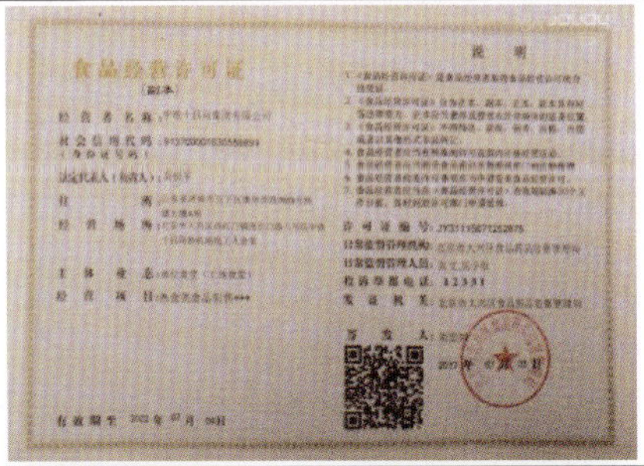 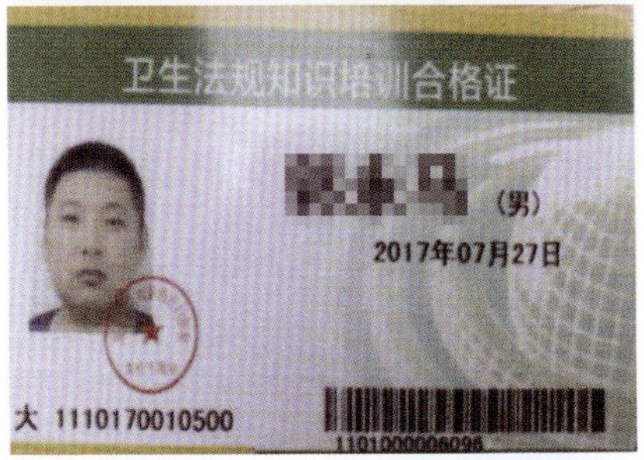
32	职工宿舍布局	工人宿舍	1. 工人宿舍房材质应符合相关规范要求，考虑风荷载及防火相关要求，选址合理。 2. 电源直接由计量箱接入并锁好，宿舍内不设插座，严禁私拉乱接电线。 3. 宿舍内照明用电使用 36 V 电压。 4. 工人宿舍严禁吸烟并配置烟感设施，文明宿舍悬挂流动红旗。 5. 每间宿舍设宿舍长，或者轮岗负责。 6. 宿舍门外挂入住人员名单，宿舍内挂制度牌、宿舍文明公约等。 7. 宿舍内床铺不高于两层，人均住宿面积不少于 2 m^2，且每间不多于 15 人。 8. 要求设置封闭走廊。	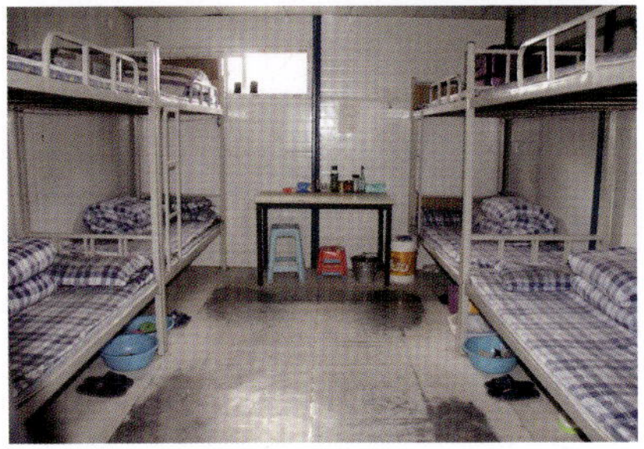
		职工宿舍	1. 宿舍房材质应符合相关规范要求，考虑风荷载及防火相关要求，选址合理。 2. 职工宿舍严禁吸烟并配置烟感设施，文明宿舍悬挂流动红旗。 3. 职工宿舍彩钢板房设置两层(或最高不超过三层)封闭式结构。 4. 宿舍内挂制度牌、宿舍文明公约等。 5. 要求设置封闭走廊。	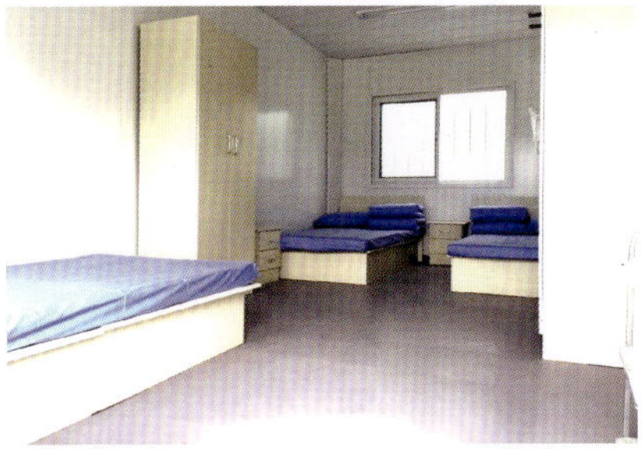

续上表

序号	名称		相 关 要 求	实例图/示意图
32	职工宿舍布局	用电管理	1. 充电间单独设置。 2. 充电间应做好相应的安保措施,要配置视频监控。 3. 工人宿舍区照明用电均采用36 V安全电压,空调采用专用配电线路,插座设置在室外。	
33	卫生间		1. 小便池选用落地样式,整洁、干净、卫生、无异味。 2. 时刻保持卫生间清洁,通风良好,地面干燥无污物。 3. 便池无污渍,垃圾篓随时清理,蹲位隔断无乱涂乱画。 4. 洗手间标识清晰,设立温馨提示牌。 5. 小便池芳香球及时更换。 6. 设专人负责卫生间的日常管理。 7. 铭牌内容为蓝底白字“男”、“女”两字加男女形体标识,指示牌内容为男女标识加洗手间名称。 8. 温馨提示牌要体现文明卫生,也可宣传安全、消防等。	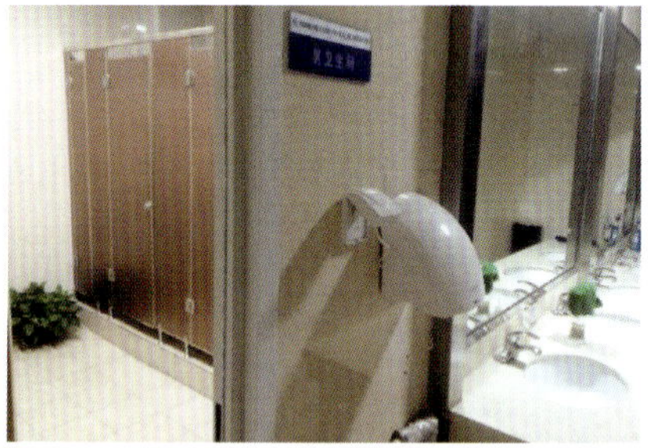
34	洗浴间	浴室视觉元素	1. 浴室内保持清洁,地面无污物,下水通畅,白天不使用时开窗通风,确保无异味。 2. 铭牌内容为蓝底白字“男浴室”、“女浴室”加男女形体标识。 3. 保持洗浴设备(热水器、浴霸、水龙头)完好,损坏及时维修。 4. 浴室间标识清晰,设立温馨提示牌。	
		洗衣房	1. 洗衣房设立温馨提示牌和使用说明。 2. 配备全自动洗衣机。 3. 设置提示牌和使用说明。	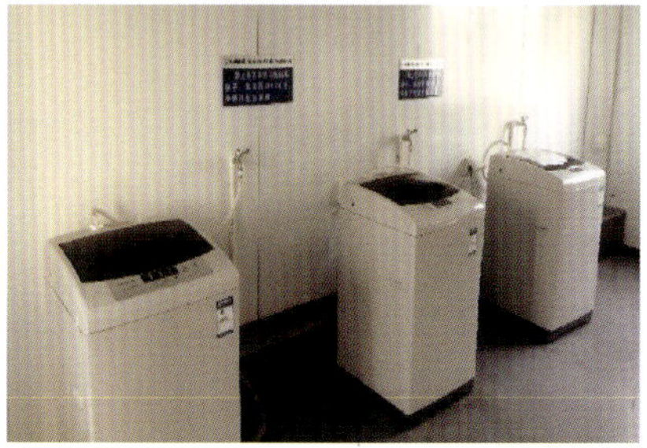

续上表

序号	名称		相关要求	实例图/示意图
35	绿色节能文明	绿化部分	1. 绿化部分大小、尺寸、形状可根据实际情况确定。 2. 绿化部分定期浇水和维护。 3. 为提升驻地环境,在场地允许的情况下,可以在办公道路、生活区道路两侧或中间种植草皮、树木等。	
		太阳能照明	1. 现场路灯宜采用太阳能灯。 2. 灯具、灯杆、蓄电池满足行业要求和现场使用要求。	
		喷淋降尘	1. 喷淋布置在场区内扬尘较大区域。 2. 喷淋用水尽量考虑使用地下降水。 3. 开放场地需使用多种喷淋装置,保证喷淋效果。	 

续上表

序号	名称		相关要求	实例图/示意图
35	绿色节能文明	节约水资源	1. 生活区集中设置水池，采用节水水龙头并张挂节约用水制度和标识，增强职工节水意识。 2. 如设计有降水，施工期间的现场洒水降尘、混凝土养护均尽量使用地下降水，节约水资源。 3. 施工现场对每月水量使用情况记录分析，合理利用水资源减少水资源浪费。 4. 建立节水、节能记录台账。 5. 如有条件设置雨水收集及污水回收装置。	
		工人休息区	1. 施工现场设置工人休息室，便于施工人员施工过程中休息、使用，不得作为吸烟区。 2. 休息室内设休息长凳、茶水桶、垃圾桶等，室内布设安全或健康知识宣传挂图，顶部采取防雨防晒措施。 3. 生活区设置休息室，可作为吸烟区，须配置灭火器、水桶等消防用品。	
		自行车棚、电动自行车充电处	1. 项目部要提倡绿色出行。 2. 存放电动自行车棚必须有阻燃性能。 3. 电动自行车存放处设置专门的充电插座或装置。 4. 电动车在室外集中充电，严禁在办公生活区室内充电，建议采用智能充电站充电。 5. 电动自行车棚配置相应的消防设施和视频监控系统。	 

续上表

序号	名称	相　关　要　求	实例图/示意图
36	单位名称牌匾标识	1. 项目部设置牌匾标识前，要到所在区城市管理行政部门查询牌匾标识的设置详规要求。 2. 单位名称牌匾标识仅限于单位名称和标识，须与营业执照或法人登记证书核定的名称一致，不得含有经营服务信息和其他商业性宣传内容。 3. 单位名称牌匾标识设置在建筑物的檐口下方、底层门楣上方或建筑物临街方向的墙体上，上边缘距檐口距离≥0.5 m。 4. 单层坡屋顶建筑，在正面屋檐以下设置牌匾标识；多层坡屋顶建筑，要在底层正面屋檐以下设置牌匾标识，不允许设置在山墙面上。 5. 不得在墙上设置突出式、动态式牌匾标识，不得设置厚度超过 300 mm 的灯箱式样牌匾标识。 6. 墙面设置的牌匾标识，须采用单体字形式，灯光照明采用内透光形式，不得使用外打灯；禁止大面积使用高光合金材料。 7. 设置在墙体上的牌匾标识，不得大于所在墙体实墙面(扣除窗户)面积的 20%，并不得超出墙体外沿设置。 8. 单位名称牌匾标识字符的大小要根据所在街道的宽度确定： 行车道宽度≤16 m，字符最大边长 0.5 m； 行车道宽度 16~24 m(含)，字符最大边长 0.6 m； 行车道宽度 24~40 m，字符最大边长 0.7 m； 行车道宽度≥40 m，字符最大边长 0.8 m 9. 不得在本单位自有或租赁的场地以外设置标识。	 

第二章　小型设施建设及防护

序号	名称	相 关 要 求	实例图/示意图
1	氧气乙炔运输	1. 氧气、乙炔小推车骨架采用钢管，刷防锈漆。 2. 车轮采用硬质塑料轮。 3. 每个小推车上配置 1 具灭火器，小车颜色区分标识：氧气瓶车为蓝色，乙炔车为黄色或白色。 4. 在氧气、乙炔不用时及时推运入库。	  
2	砂轮切割机罩	1. 切割机防护罩骨架采用角钢，外包白色铁皮，铁皮使用自攻丝固定在骨架上。 2. 如现场施工运输频繁，可涂刷黄黑相间防撞漆。 3. 设备上标出标识牌和责任班组。	
3	洒水车、清扫车	1. 洒水、清扫车辆适用于施工现场硬化地面和场外道路的清扫。 2. 施工现场设置洒水车、清扫车，定时洒水、清扫，确保文明施工。	 

序号	名称	相关要求	实例图/示意图
4	雨水篦子、井盖、吊笼	1. 雨水篦子可自行加工或采购,能保证现场安全需要。 2. 场区所有井盖必须满足重载车辆承重要求。 3. 散件吊笼加工必须采用钢板焊制,禁止采用螺纹钢焊接作为吊耳。 4. 加工或购置雨水篦子要按照施工现场排水沟具体尺寸而定,保证安装后平整平稳。 5. 购置时注意井盖尺寸、承重力说明等。 6. 放置时井盖周边使用混凝土浇筑密实,防止重型车辆压坏。	  
5	电焊机防护	1. 电焊机使用方钢按照电焊机实际尺寸制作。 2. 采用铁皮或彩钢板封顶。 3. 防护罩涂刷警示油漆。 4. 底部设置移动轮,便于电焊机的移动。 5. 配置灭火器。 6. 必须有效接地。	

第三章 消 防 安 全

序号	名称		相 关 要 求	实例图/示意图
1	消防管理	组织机构	1. 贯彻《消防安全责任制实施办法》(国办发〔2017〕87 号),坚持“安全自查,隐患自除,责任自负”管理要求。 2. 建立消防工作组织机构,组建义务消防工作队,明确消防安全负责人和消防安全管理人员,并落实消防安全管理责任。	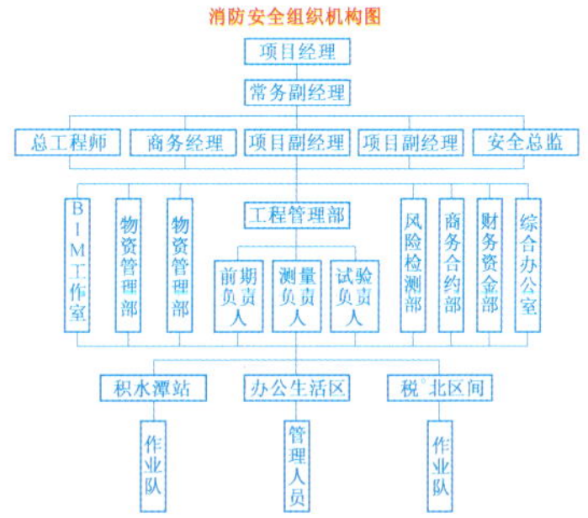 
		制度与方案	1. 建立消防安全管理制度(包括消防安全教育与培训制度,可燃及易燃易爆危险品管理制度, 用火、用电、用气管理制度,消防安全检查制度,应急预案演练制度等)。 2. 编制《施工现场防火技术方案》(包括施工现场重大火灾危险源辨识,施工现场防火技术措施,临时消防设施、临时疏散设施配备,临时消防设施和消防警示标识布置图,施工现场灭火及应急疏散预案等)。	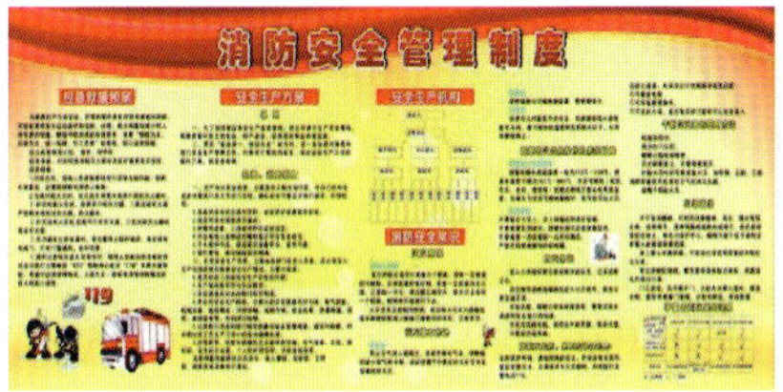 

续上表

序号	名称		相关要求	实例图/示意图
1	消防管理	消防备案	根据《北京市建设工程施工现场消防安全管理规定》(北京市人民政府令第84号),工程开工前,施工单位填报《北京市建设工程施工现场消防审核申报表》,报北京市公安消防总队轨道交通支队进行消防安全备案。备案时应提供以下资料: 1. 施工单位填写《北京市建设工程施工现场消防审核申报表》。 2. 相关的《建筑消防设计防火审核意见书》。 3. 消防安全保卫措施和用火用电制度。 4. 甲、乙双方签定的消防安全协议。 5.《施工组织设计》(附施工现场消防平面图、施工现场防火技术方案等)。	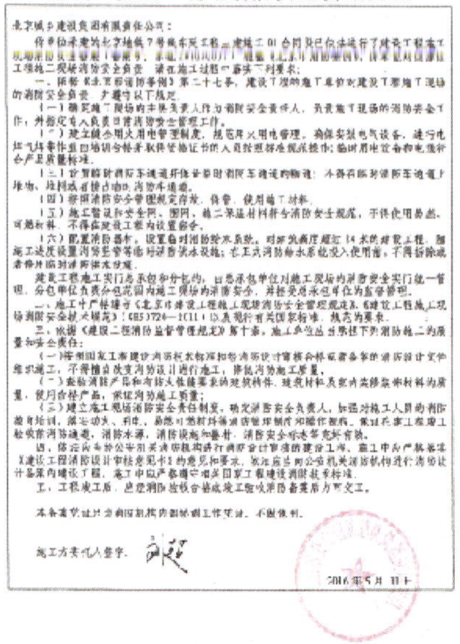 北京市公安消防总队轨道交通支队 建设工程施工现场消防安全备案凭证
		组织培训演练	1. 施工人员进场前,应向施工人员进行消防安全教育和培训、消防安全技术交底。 2. 施工过程中,应定期组织消防安全管理人员对施工现场的消防安全进行检查。 3. 施工单位应编制施工现场灭火及应急疏散预案,并依据定期开展灭火及应急疏散的演练。 4. 施工单位应做好并保存施工现场消防安全管理的相关文件和记录,建立现场消防安全管理档案。	 

续上表

序号	名称		相关要求	实例图/示意图
2	总体布局	平面布置	1. 临时用房、临时设施的布置(①施工现场的出入口、围墙、围挡;② 场内临时道路;③ 给水管网或管路和配电线路敷设或架设的走向、高度;④ 施工现场办公用房、宿舍、发电机房、配电房、可燃材料库房、易燃易爆危险品库房、可燃材料堆场及其加工场、固定动火作业场等;⑤临时消防车道、消防救援场地和消防水源)应满足现场防火、灭火及人员安全疏散的要求。 2. 施工现场主要临时用房、临时设施的防火间距不应小于《建设工程施工现场消防安全技术规范》(GB 50720—2011)相关规定。 3. 施工现场出入口的设置应满足消防车通行的要求,并宜布置在不同方向,其数量不宜少于 2 个。 4. 易燃易爆危险品库房应远离明火作业区、人员密集区和建筑物相对集中区。易燃易爆危险品库房与在建工程的防火间距不应小于 15 m,可燃材料堆场及其加工场、固定动火作业场与在建工程的防火间距不应小于 10 m,其他临时用房、临时设施与在建工程的防火间距不应小于 6 m。	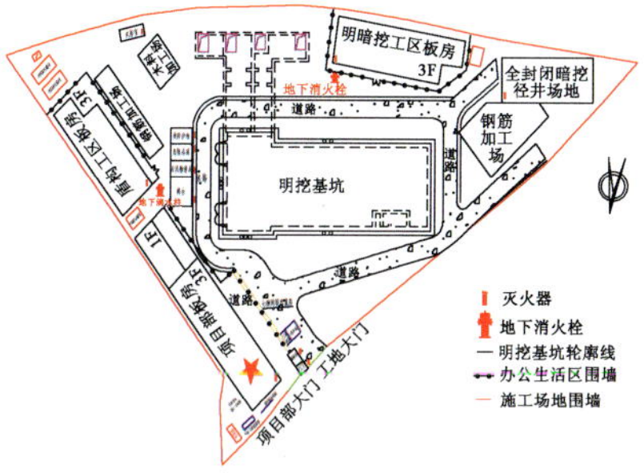
		消防车道	1. 施工现场内应设置临时消防车道,临时消防车道与在建工程、临时用房、可燃材料堆场及其加工场的距离,不宜小于 5 m 且不宜大于 40 m。 2. 临时消防车道宜为环形,净宽度和净空高度均不应小于 4 m;应设置消防车行进路线指示标识;临时消防车道路基、路面及其下部设施应能承受消防车通行压力及工作荷载。 3. 临时消防车道应保持畅通,不得遮挡。	
		应急疏散	1. 施工现场必须明确划分施工区和非施工区。 2. 临时疏散通道与在建工程结构施工同步设置。 3. 临时疏散通道的临空面必须设置高度不小于 1.2 m 的防护栏杆,安全防护网应采用阻燃型。 4. 临时疏散通道、作业场所应设置明显的疏散指示标识、照明设施,醒目位置应设置安全疏散示意图。	

续上表

序号	名称		相关要求	实例图/示意图
2	总体布局	临时建筑	1. 宿舍、办公用房的建筑构件的燃烧性能等级应为 A 级。当采用金属夹芯板材时，其芯材的燃烧性能等级应为 A 级 2. 宿舍、办公用房的建筑层数不应超过三层，每层建筑面积不应大于 300 m^2；层数为三层或每层建筑面积大于 200 m^2 时，应设置不少于 2 部疏散楼梯。 3. 人员密集的房间应设置在临时用房的第一层，其疏散门应向疏散方向开启。 4. 发电机房、变配电房、厨房操作间、可燃材料库房及易燃易爆危险品库房的建筑构件的燃烧性能等级应为 A 级，层数应为一层，建筑面积不应大于 200 m^2。 5. 宿舍、办公用房不应与厨房操作间、变配电房等组合建造。	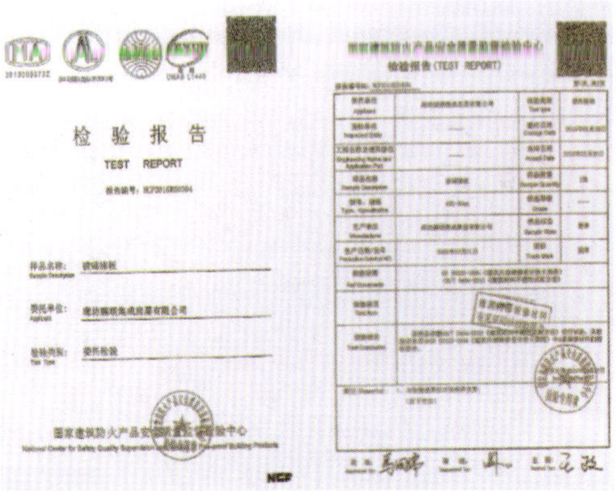
3	临时消防设施	一般规定	1. 施工现场应设置灭火器、临时消防给水系统和临时消防应急照明等临时消防设施。 2. 施工现场的消火栓泵应采用专用消防配电线路。专用消防配电线路应自施工现场总配电箱的总断路器上端接入，且应保持不间断供电。 3. 临时消防给水系统的贮水池、消火栓泵、室内消防竖管及水泵接合器等，应设有醒目标识。 4. 施工现场的重点防火部位或区域应设置防火警示标识。 5. 施工单位应做好施工现场临时消防设施的日常维护工作，对已失效、损坏或丢失的消防设施应及时更换、修复或补充。 6. 不得遮挡、挪用消防设施。	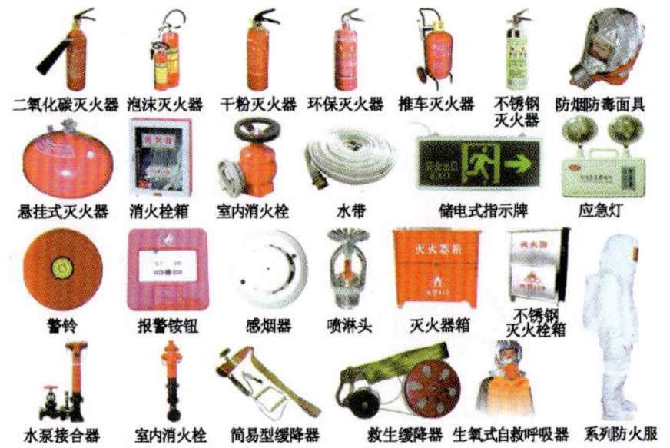 

续上表

<table>
<tr><th>序号</th><th colspan="2">名称</th><th>相关要求</th><th>实例图/示意图</th></tr>
<tr><td rowspan="2">3</td><td rowspan="2">临时消防设施</td><td>灭火器</td><td>1. 易燃易爆危险品存放及使用场所,动火作业场所,可燃材料存放、加工及使用场所,厨房操作间,发电机房,变配电房,设备用房,办公用房,宿舍等临时用房以及其他具有火灾危险的场所,应配置灭火器。
2. 灭火器的类型应与配备场所可能发生的火灾类型相匹配;配置数量应按照《建筑灭火器配置设计规范》(GB 50140)经计算确定,且每个场所的灭火器数量不应少于 2 具。</td><td>
</td></tr>
<tr><td>临时消防给水系统</td><td>1. 施工现场应设置临时室外消防给水系统,并应能满足施工现场临时消防用水的需要。
2. 施工现场临时室外消防给水系统给水管网宜布置成环状。
3. 临时室外消防给水干管的管径应依据施工现场临时消防用水量和干管内水流计算速度计算确定,且不应小于 DN100。
4. 室外消火栓应沿在建工程、临时用房及可燃材料堆场及其加工场均匀布置,距外边线不应小于 5 m,间距不应大于 120 m。</td><td>

</td></tr>
</table>

续上表

<table>
<tr><th>序号</th><th colspan="2">名称</th><th>相　关　要　求</th><th>实例图/示意图</th></tr>
<tr><td rowspan="4">3</td><td rowspan="4">临时消防设施</td><td rowspan="2">应急照明</td><td rowspan="2">1. 自备发电机房及变、配电房，水泵房，无天然采光的作业场所及疏散通道等施工场所应配备临时应急照明。
2. 作业场所应急照明的照度不应低于正常工作所需照度的 90%，疏散通道的照度值不应小于 0.5 lx。
3. 临时消防应急照明灯具宜选用自备电源的应急照明灯具，自备电源的连续供电时间不应小于 60 min。</td><td>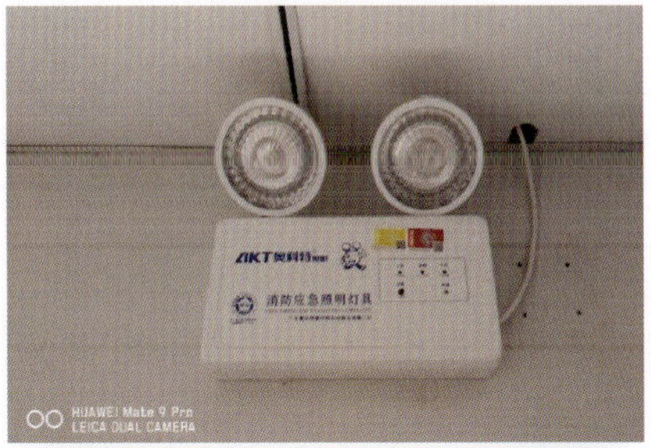</td></tr>
<tr><td></td></tr>
<tr><td rowspan="2">烟感报警装置</td><td rowspan="2">办公、住宿等场所均须安装烟感，与烟感报警装置联通，并设专人值守控制中心。</td><td></td></tr>
<tr><td>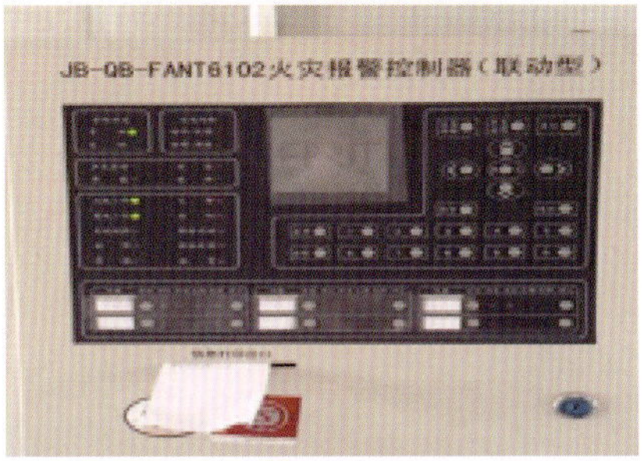</td></tr>
</table>

续上表

序号	名称		相关要求	实例图/示意图
3	临时消防设施	电气火灾监控系统	1. 临时建筑安装电气火灾监控系统。 2. 重点部位安装电气火灾监控系统(变电所、固定位置的配电箱),加强对线路电流、温度、故障电弧的检测。	 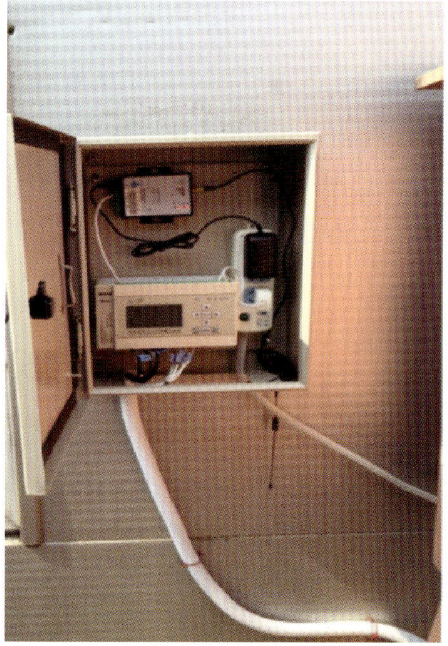

续上表

序号	名称		相关要求	实例图/示意图
4	施工现场消防管理	可燃物及易燃易爆危险品管理	1. 用于在建工程的保温、防水、装饰及防腐等材料的燃烧性能等级，应符合设计要求。 2. 可燃材料及易燃易爆危险品应按计划限量进场。进场后，可燃材料宜存放于库房内，如露天存放时，应分类成垛堆放，垛高不应超过 2 m，垛与垛之间的最小间距不应小于 2 m，且采用不燃或难燃材料覆盖。易燃易爆危险品应分类专库储存，库房内通风良好，并设置严禁明火标志。 3. 室内使用可燃、易燃易爆危险品的物资作业时，应保持良好通风，作业场所严禁明火，并应避免产生静电。 4. 氧气、乙炔气瓶应分类储存，库房内通风良好。空瓶和实瓶同库存放时，应分开放置，两者间距不应小于 1.5 m；氧气瓶与乙炔瓶的工作间距不应小于 5 m，气瓶与明火作业点的距离不应小于 10 m。 5. 施工产生的可燃、易燃建筑垃圾或余料，应及时清理。	
		施工现场用火	1. 动火作业必须符合国家有关法律法规及标准要求，遵守相关的安全生产管理制度和操作规程。焊工必须具有焊工证，特种作业人员操作证等。 2. 施工现场动火作业必须办理动火许可证。动火许可证的签发人收到动火申请后，应前往现场查验并确认动火作业的防火措施落实后，方可签发动火许可证。 3. 动火作业处，应配备灭火器材，并设动火监护人，动火作业人应持证上岗。 4. 焊接、切割、烘烤或加热等动火作业前，应对作业现场的可燃物进行清理。作业现场及其附近无法移走的可燃物，应采用不燃材料对其覆盖或隔离。 5. 裸露的可燃材料上严禁直接进行动火作业。 6. 五级（含五级）以上风力时，应停止焊接、切割等室外动火作业，或采取可靠挡风措施。 7. 使用气焊割动火作业时，相关距离要满足规范要求。 8. 动火作业前应检查电焊机等器具，确保其在完好状态下，电线无不安全因素。电焊机的地线应直接搭接在焊件上，不可乱搭乱接，以防接触不良、发热、打火引发火灾或漏电致人伤亡。 9. 动火作业结束后，操作人员必须对现场及周围进行安全检查，整理现场，在确认无任何火源隐患的情况下，方可离开现场。	

续上表

序号	名称		相关要求	实例图/示意图
4	施工现场消防管理	施工现场用气	1. 施工现场供用电设施的设计、施工、运行、维护应符合现行国家标准《建设工程施工现场供用电安全规范》(GB 50194)的要求。 2. 电气线路应具有相应的绝缘强度和机械强度,严禁使用绝缘老化或失去绝缘性能的电气线路,严禁在电气线路上悬挂物品。破损、烧焦的插座、插头应及时更换。 3. 配电箱上每个电气回路应设置漏电保护器、过载保护器,距配电箱 2 m 范围内不应堆放可燃物,5 m 范围内不应设置可能产生较多易燃、易爆气体、粉尘的作业区。 4. 可燃材料库房不应使用高热灯具,易燃易爆危险品库房内应使用防爆灯具。	
		施工现场用气	1. 储装气体的罐瓶及其附件应合格、完好和有效。 2. 气瓶运输、存放、使用时应远离火源,距火源距离不应小于 10 m。 3. 气瓶严禁在阳光下曝晒运输、储存,使用气瓶时,严禁碰撞、敲击、剧烈滚动,且气瓶要放置牢固,防止气瓶倾倒。 4. 氧气瓶与乙炔瓶的工作间距不应小于 5 m,气瓶与明火作业点的距离不应小于 10 m。 5. 气瓶用后,应及时归库。	
		生活区防火	严禁宿舍使用火源、电源,严禁私拉乱接,施工现场严禁明火取暖。	

续上表

<table>
<tr><th>序号</th><th colspan="2">名称</th><th>相 关 要 求</th><th>实例图/示意图</th></tr>
<tr><td rowspan="3">5</td><td rowspan="3">微型消防站</td><td>标识牌</td><td>按照规定制作微型消防站标识牌。</td><td></td></tr>
<tr><td rowspan="2">制度职责</td><td rowspan="2">1. 微型消防站人员配备不少于6人(应设站长、副站长、消防员、控制室值班员等岗位),配有消防车辆的微型消防站应设驾驶员岗位。
2. 站长由单位消防安全管理负责人兼任,明确站长(副站长)、消防员岗位职责。
3. 微型消防站建立值班备勤制度,设置人员值守。</td><td></td></tr>
<tr><td>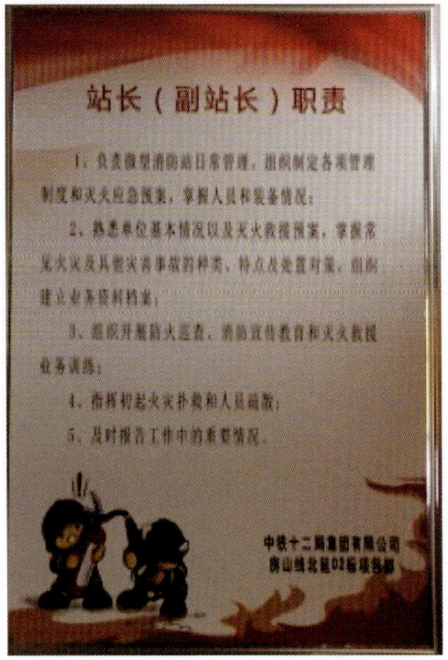</td></tr>
</table>

续上表

序号	名称		相关要求	实例图/示意图
5	微型消防站	消防工作栏	建立消防平面布置图、管理组织网络图、日常管理制度。	
		消防器材	微型消防站应配备消防头盔、义务消防员灭火防护服、消防手套、消防安全腰带、义务消防员灭火防护靴、正压式消防空气呼吸器、佩戴式防爆照明灯、消防员呼救器、消防轻型安全绳、消防腰斧、防毒面具等,每人不少于1具。	  

第四章　安全保卫、工程维稳、职业健康

序号	名称		相 关 要 求	实例图/示意图
1	治安保卫	卫生室设置	1. 项目部及施工区大门必须设门卫室，保证 24 h 有人值守。 2. 门卫室要保持干净和安静，物品放置应定位规范，不能在警卫室内吸烟。 3. 门卫室须配备通信设备，车辆进出、外来人员登记册。 4. 门卫室宜配备治安保卫视频监控、防暴叉、防暴盾牌等设备。	
		门卫管理	1. 门卫值班人员必须坚守岗位，不得擅离职守。 2. 建立并张贴门卫管理、出入登记制度，做好值班记录。 3. 严格执行佩戴胸卡出入制度，外来人员须经领导同意后出示证件并登记方可进入办公及施工现场，严禁无关人员进入。 4. 监督进入现场人员正确佩戴安全帽。严禁穿拖鞋、硬底鞋、高跟鞋、光脚和赤膊人员进入工地。 5. 做好材料、机具、设备的保卫工作，严防偷盗行为。凡出入车辆须经检查后方可放行。 6. 发现打架斗殴、偷盗、围攻、上访等事件，应及时报告项目部领导。	 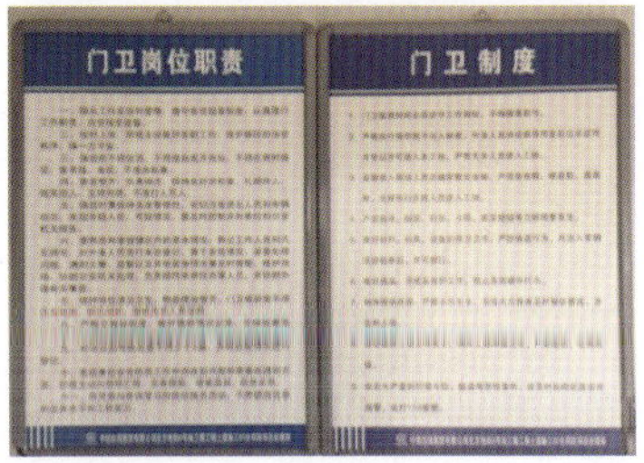
		门禁系统	1. 在项目部大门设置门禁系统，员工持卡出入。 2. 在暗挖、盾构、明挖工地大门口设置门禁系统，工人持卡出入。	

续上表

序号	名称		相关要求	实例图/示意图
1	治安保卫	视频监控	1. 在办公区、生活区及施工工地四周、库房等重点部位，安装治安保卫监控探头，保证全覆盖。 2. 监控室安排专人 24 h 值守，发现问题及时上报并做好记录。 3. 影像资料保存至少一个月。	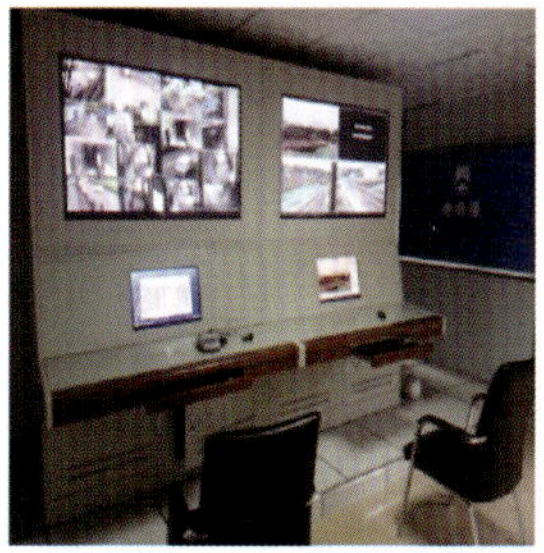  
		人员录入系统	1. 人员身份录入系统与公安信息相连接，相关人员情况及时从公安信息反馈。 2. 所有人员进场前，必须录入社会信息采集系统。 3. 人员退场应及时核销其信息。	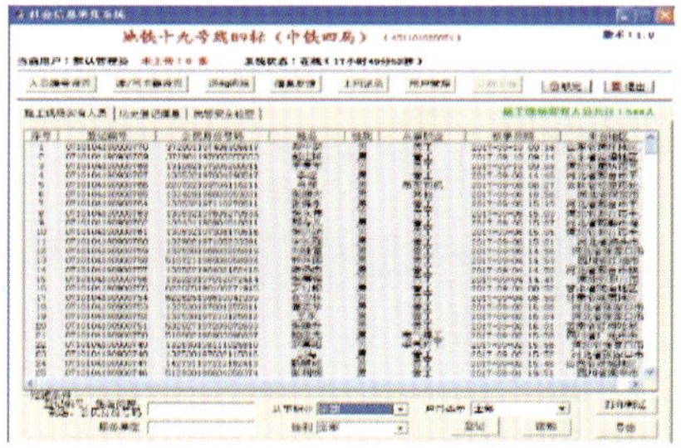
		重点部位内保	1. 料场、库房应加强巡逻守护，重要材料、设备及工具要专库专管。 2. 项目部财务室不得设在楼层端头，必须安装防盗门和防盗栏，设置监控及报警器，按规定配置和使用保险柜。	 

续上表

序号	名称		相关要求	实例图/示意图
2	涉工程维稳	工作基本要求	1. 施工项目经理部成立工程维稳工作领导小组，项目党工委书记担任组长，全面主持涉工程维稳工作。项目办公室作为主要办事机构，设专人负责来访(电、信)的接待、处置，协调、督促项目有关部门处理信访相关事宜。 2. 施工项目信访工作本着“早发现、早报告、早排查、早化解”的原则，向前着力源头预防，向后着力推动事要解决，力争将不稳定因素化解到萌芽状态，防范矛盾升级。 3. 施工项目应畅通信访渠道，做到事事有回音、件件有答复，化解矛盾在项目内部，避免越级上访，并以此改进工作作风，保障群众、职工权益，确保生产正常开展，维护社会和谐稳定。	
		投诉信箱/电话	设置信访投诉信箱，位于施工项目经理部门口显要位置，同时对外公布投诉热线电话。	
		信访接待室	设置信访接待室，悬挂标牌，用于信访接待工作。接待室要求清洁、整齐。	

续上表

序号	名称		相关要求	实例图/示意图
2	涉工程维稳	处理步骤	1. 接待：施工项目设置信访接待室，设置投诉信箱（每日定时查看），对外公布投诉电话（24 h有人接听），设专人处置信访事宜，热情接待。 2. 登记：收到来信（电）、接待来访要及时登记、编号，登记后，即时送领导批阅，按照领导批示及时处理。如领导不在，也要及时打电话与有关领导联系，确定处理意见。 3. 转办：项目办公室对已登记好的来信（电）、来访以及相关单位（建管、环保、城管）交办的信访案件，根据分级负责、归口办理、谁主管谁负责的原则，按照领导批示及时转交有关部门办理。 4. 催办：已转给有关部门办理的来信（电）来访，办公室须督促其及时处理，能当场答复的尽量就地解决，不能立时解决的需说明处理期间，一般不超过 15 天。要对来信（电）来访者解释清楚，问题处理进程及时回复。 5. 复信：做到对群众来信来访事事有交代，件件有着落。必须加强对群众来信（电）的复信工作，以减少重复上访和越级上访，建立复信制度。 6. 归档：做好每年的来信（电）来访记录、处理情况等信访文件等的归档工作，建立信访档案，妥善保管。	见下图

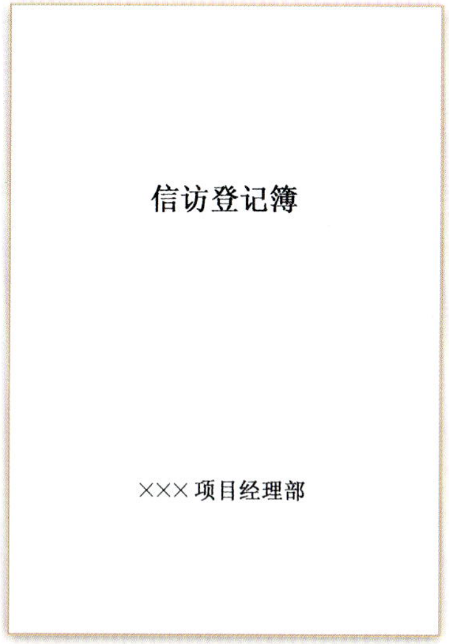

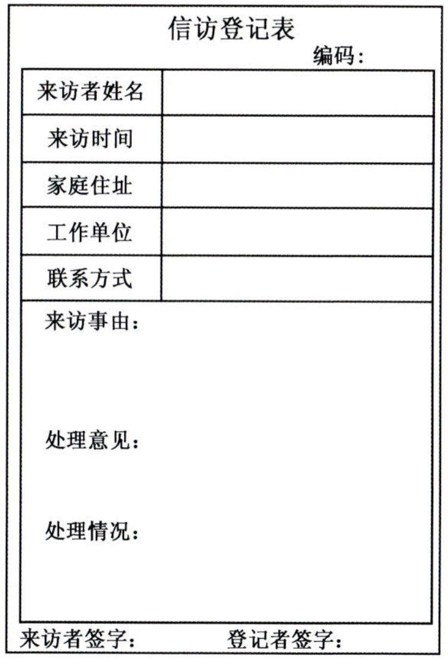

信访登记表

编码：

来访者姓名	
来访时间	
家庭住址	
工作单位	
联系方式	

来访事由：

处理意见：

处理情况：

来访者签字：　　　　登记者签字：

续上表

序号	名称		相关要求	实例图/示意图
3	职业健康	食堂管理	1. 施工现场设置的临时食堂必须具备食品经营许可证、炊事人员身体健康证、卫生知识培训合格证，张贴卫生制度。 2. 工地食堂的设置和日常管理应当符合《建设工程施工现场生活区设置和管理规范》(DB11/1132—2014)、《北京市食品经营许可管理办法(试行)》、《市食品经营许可审查细则》(试行)及《餐饮服务食品安全操作规范》等有关要求。工地食堂应积极开展“阳光餐饮”工程建设。 3. 食堂顶棚、墙壁、地面使用防霉、防潮、防水材料，墙面材料到顶并便于清洁，地面做硬化和防滑处理，制作间灶台及其周边贴瓷砖，所贴瓷砖高度不小于 1.5 m。洗菜区具备禽肉、蔬菜分开的清洗池。配备必要的排风设施、冷藏设施、消毒报设施以及消防防火实施，配备有效的防蝇、防鼠、防尘设施和符合卫生要求的废弃物处理设施。 4. 食堂炊事员上岗必须穿戴洁净的工作服帽并保持个人卫生。 5. 采购猪肉、蔬菜、牛羊肉、禽类、水产品、熟肉制品、乳品及乳制品、豆制品、酱油、食醋、饮用桶装水、大米、小麦粉、食用植物油、水果、食盐、散装白酒等列入重点名录的食品，对购进的货物应当按批次向供货人索取食品质量检验证明、检疫证明、销售凭证等与食品安全有关的证明并保存复印件备查。 6. 工地食堂应严格落实索票制度。不得采购和使用《食品安全法》禁止生产经营的食品，严禁采购、贮存、使用亚硝酸盐及非食品用产品，应按照《餐饮服务食品安全操作规程》加工制作食品，严防食品交叉污染。	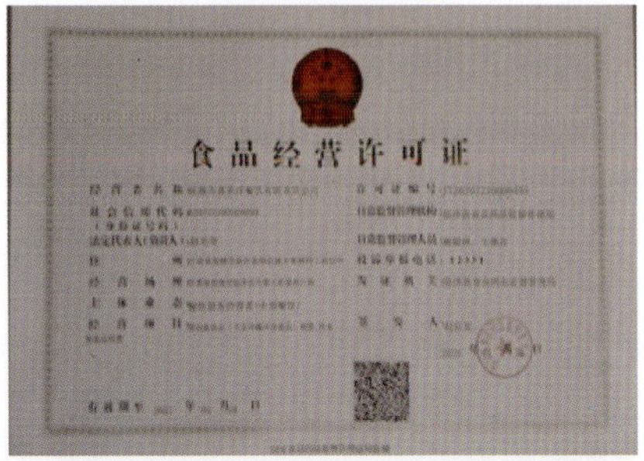  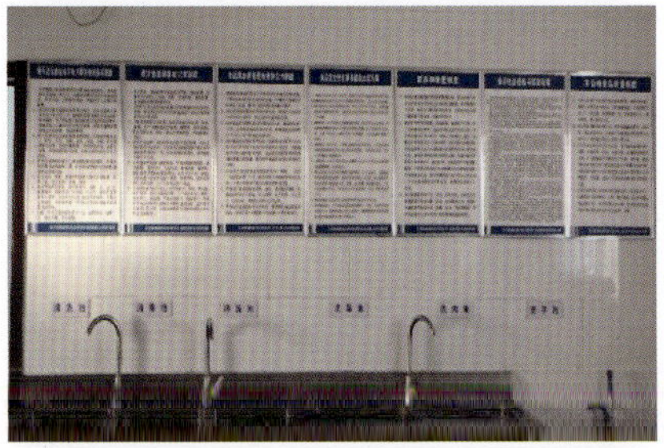
		卫生救助	施工现场应制定卫生急救设施，配备保健药箱、一般常用药品及急救器材。	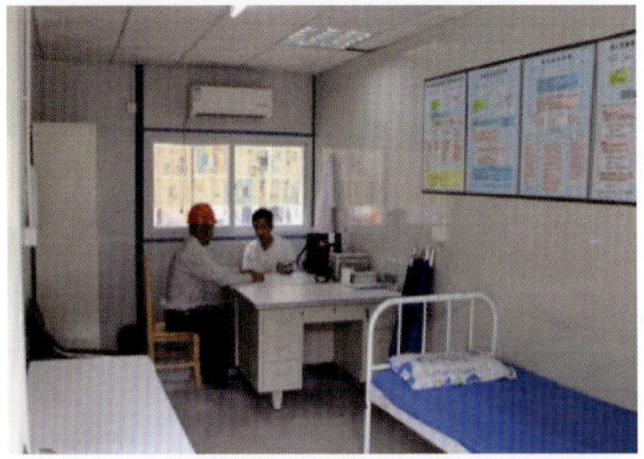

续上表

序号	名称		相关要求	实例图/示意图
3	职业健康	职业病预防及现场管理	1. 职业病防治工作坚持“预防为主,防治结合”的方针,实行分类管理,综合治理。 2. 从业人员依法享受工伤社会保险待遇。 3. 为从业人员提供符合要求的职业病防护设施和个人防护用品,定期检测其性能和效果,确保处于正常状态。 4. 确保从业人员会正确使用、维护职业病防治设施和个人防护用品。 5. 在醒目位置设置公告栏,公布有关职业病防治的规章制度、操作规程、职业病危害事故应急救援措施和职业病危害因素检测结果。 6. 根据作业场所存在的职业危害,制定切实可行的职业危害防治计划和实施方案。	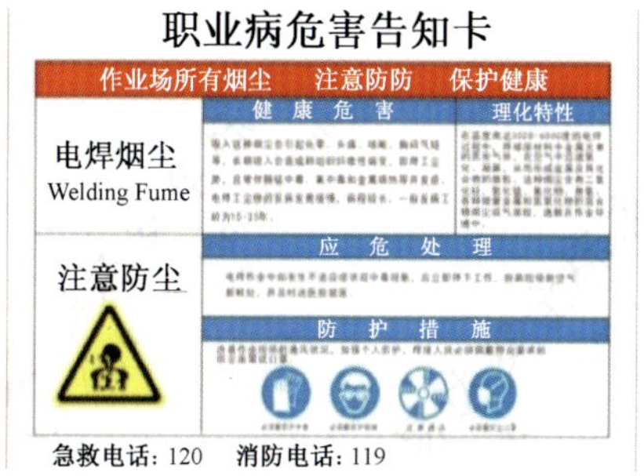 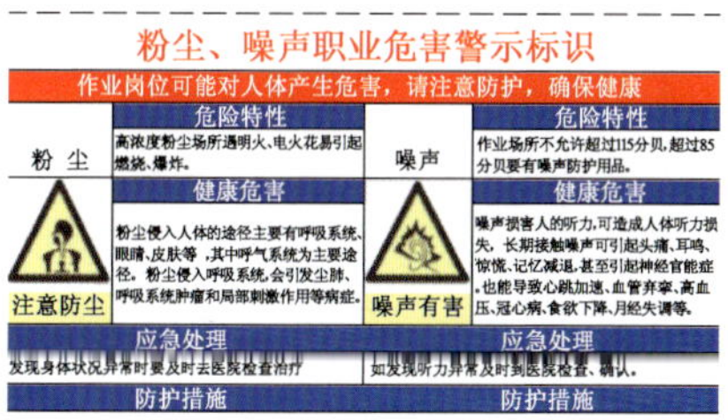
		职业健康检查	1. 组织从事接触职业病危害因素的作业人员,在有相关资质机构进行上岗前、在岗期间、离岗时职业健康检查。 2. 不得安排未进行职业性健康检查的人员从事接触职业病危害作业,不得安排有职业禁忌症者从事禁忌的工作。 3. 建立职业健康档案。	
		职业健康教育培训	1. 从业人员必须接受职业病防治的法规、预防措施等知识的教育。 2. 从事职业病危害作业人员必须接受上岗前职业病防治培训,经考试合格后方可上岗操作。	

续上表

序号	名称		相 关 要 求	实例图/示意图
3	职业健康	轨道交通工程常见职业病及防治措施	1. 矽肺和水泥尘肺:主要工序为喷射混凝土作业。预防措施:采用湿喷工艺、降尘、通风、加强个人防护。	
			2. 铸工尘肺:主要工序为电焊作业。预防措施:通风、个人防护,设置局部防尘设施和净化排放装置(如焊枪配置带有排风罩的小型烟尘净化器)。	
			3. 噪声聋:主要原因为施工机械噪声。预防措施:选用低噪声施工设备和施工工艺,采取隔声、消声、隔振降噪等措施,为劳动者配备护耳器。	

续上表

序号	名称		相关要求	实例图/示意图
3	职业健康	轨道交通工程常见职业病及防治措施	4. 电光性眼炎：主要工序为电焊、气割作业。预防措施：加强个人防护，正确使用防护面具。	
			5. 手臂振动病：主要原因为长期从事手传振动作业。预防措施：加强施工工艺、设备和工具的更新、改造；操作者戴防振手套；减少劳动者接触振动的时间。	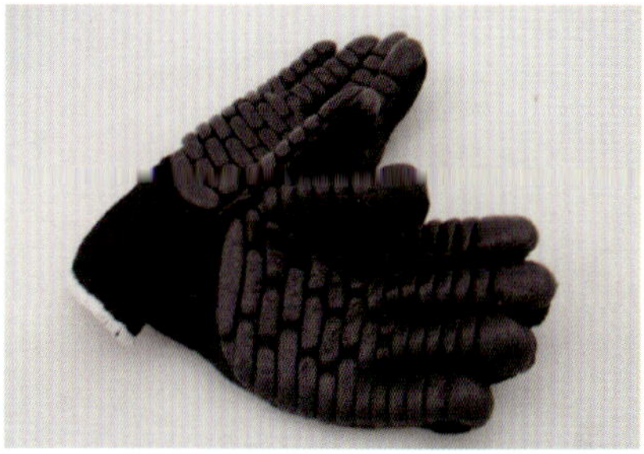
			6. 中暑：主要原因为高温。预防措施：合理调整作息时间，避开高温时间段作业；施工现场附近设置工作休息间，休息间内设置空调或电扇，提供防暑降温饮品及药品。	

第五章　交通导改工程

序号	名称		相关要求	实例图/示意图
1	基本要求	一般规定	1. 制定合理的交通导改方案，严格执行占一还一的原则，施工导改期间，保证交通顺畅，道路畅通有序。 2. 施工现场交通组织应符合《道路交通标识标线》(GB 5768)的要求。 3. 依法采取交通安全防护措施，提前设置符合国家和公共安全行业标准的安全警示标识，在施工现场施工人员须按照规定穿戴反光服饰。 4. 建立交通巡查制度，并设立专职交通安全协管员进行交通安全维护，并负责每日的例行巡查、协调指挥道路交通秩序。 5. 导改施工期间在相关路口设立交通指示标识、交通警告标识、交通禁止标识及交通辅助标识，并配合交管部门做好交通疏解工作。 6. 施工场地采用全封闭硬质围挡板实施围挡，工地出入口位置经交通部门审批同意后确定，主要出入口设置交通指令标识和警示灯，夜晚出土点的进出口设置红色警示灯，并派专人现场指挥、调度进出车辆。施工出入路段设置限速标识、道路变窄和施工警告标识，保证车辆和行人安全。 7. 现场配备经交管部门审核的专用交通维护设施，交通警示牌、交通导向牌、交通限速牌、交通专用隔离墩、梅花警示闪灯、围挡串灯等交通设施报交通部门审批。 8. 施工完毕，恢复路面、标识、标线等交通设施，临时设置的交通设施须及时拆除。	 
			如有军便梁、钢箱梁，须设置限高装置，设置限重、限速标识。	
		道路作业警示灯	夜间作业须在作业区周围的锥形交通路标处设置道路作业警示灯，能反映作业区的轮廓，道路作业警示灯高度离地面 1.5 m。	

续上表

序号	名称		相关要求	实例图/示意图
1	基本要求	路栏的设置	1. 路栏设置在作业现场两端或周围,满足属地交通管理部门要求。 2. 路栏设置须满足稳定要求。	
		水马设置	1. 水马交通设施设置在作业现场周围,满足属地交通管理部门要求。 2. 水马内部装水或装沙,满足稳固要求。	
		交通围挡要求	1. 为解决平交路口行车视距问题,距离路口的围挡其上部需要采用通透式围挡。 2. 围挡基础需采用固定基座式拼装围挡,围挡必须坚固,安装稳定,抗风等级 10 级。 3. 围挡板安装外观达到平、直、顺,按永久围挡或交管部门要求设置。	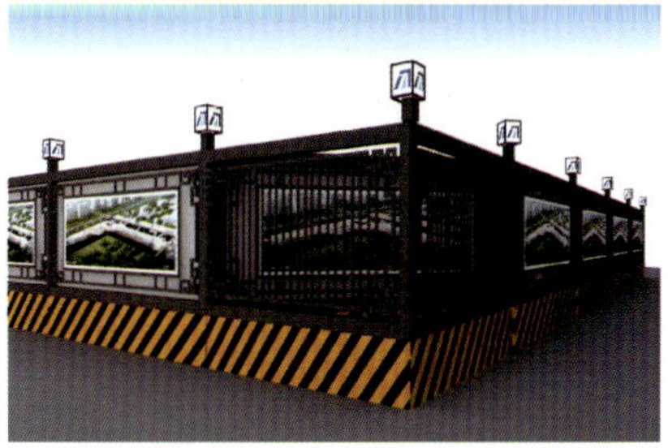 

续上表

<table>
<tr><th>序号</th><th colspan="2">名称</th><th>相关要求</th><th>实例图/示意图</th></tr>
<tr><td>1</td><td>基本要求</td><td>交通标识的要求</td><td>1. 施工现场按照国家标准设置各交通设施及 LED 导向箭头灯(不低于 2 m)、大回转灯、梅花灯、锥桶频闪灯等,并设置交通维护人员维护交通,设置交通安全标识灯及交通专用闪光灯、指示牌。
2. 严格按照规范标准要求,在施工区两端设置规范的交通标识、标线、标牌,提示车辆提前减速并绕行。施工现场迎车方向白天 50 m,夜间 80 m 提前设置施工标识、闪灯。所有交通标牌按照交管局要求统一规格、形式。
3. 围挡路灯采用 24 V 以下低压电,LED 方灯,间距 5 m。
4. 围挡上方安装 LED 灯带。</td><td>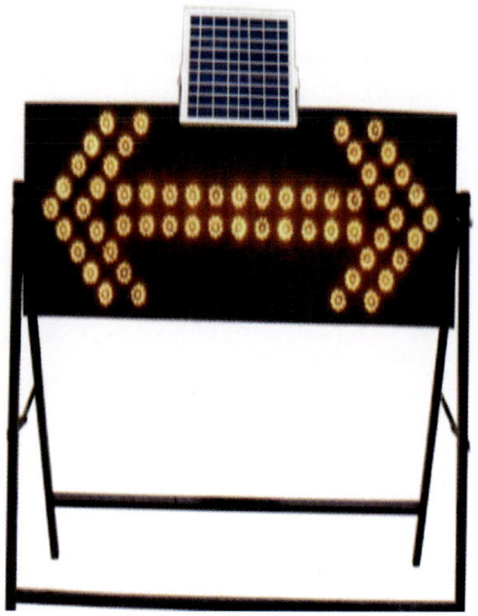

</td></tr>
</table>

序号	名称		相关要求	实例图/示意图
2	实施程序	手续编制单位	交通导改方案与交通导改占掘路手续的申报材料由施工单位编制。	
		向交管局申报的材料	1. 书面申请。 2. 北京市规土委的《建设工程规划许可证》。 3. 北京市住建委的《建筑工程施工许可证》。 4. 北京市路政局(市属道路)、养护单位或区管委(区属道路)的《北京市挖掘城市道路核准证书》(挖掘道路)。 5. 施工单位的组织机构代码证书。 6. 经规划管理部门核准盖章的工程设计图。 7. 施工方案(含施工地点地理位置图、施工组织设计,挖掘道路的还需提供施工横剖面示意图、纵剖面示意图),并加盖施工单位公章。 8. 施工期间的交通组织方案(含符合《道路交通标志和标线》的施工现场交通组织示意图),并加盖施工单位公章。 9. 施工现场具备专业化交通设施和协管员维护队伍的工作方案,并加盖施工单位公章。 10. 施工地点地理位置图。 11. 现场照片。 12. 保证书。	

续上表

序号	名称		相关要求
2	实施程序	向路政局申报的材料	1. 申请书。 2. 委托书。 3. 北京市规土委规划意见书（市政）及附图。 4. 北京市规土委临时建设用地规划许可证(市政)及附图。 5. 管线综合图(带会签)等文件。 6. 施工地域图。 7. 施工平面图。 8. 施工平面图说明表。 9. 掘路回填剖面图说明表。 10. 挖掘回填剖面图。 11. 北京市掘路核准申报表。 12. 北京市临时设施占道核准申报。 13. 行人便道及盲道导行说明。 14. 交通导改方案。 15. 交通导改图。 16. 占用、挖掘道路方案及措施。 17. 减轻对交通影响的方案。 18. 地下设施保护措施。 19. 应急施工预案。 20. 掘路修复设计方案。 21. 承诺书。 22. 防汛职责。 23. 冬期施工质量保障职责。

续上表

<table>
<tr><th>序号</th><th colspan="2">名称</th><th>相 关 要 求</th><th>实例图/示意图</th></tr>
<tr><td rowspan="2">2</td><td rowspan="2">实施程序</td><td rowspan="2">交通导改申报程序</td><td rowspan="2">1. 编制掘路占道报件上报至路政局行政许可大厅,经大厅确认接件后,等待通知进行核查现场,核查现场主要由路政局养路中心进行,核查完毕后等待路政局下发行政许可决定。取得许可决定书后编制交通导改报件上报至市交管局,等待市局核准(报件要详细的照片资料等),市局同意后将批件转至区交警支队,再经过区交警支队的审核后最终发放交管局行政许可决定书。
2. 编制占掘路手续报件→建设单位审核并盖章→掘路占道报件至路政局行政许可大厅→路政局现场踏勘→取得占道施工许可决定书→编制交通导改手续报件→建设单位审核并盖章→上报交通导改申报材料→建设单位组织向交管局方案汇报→交管局现场踏勘→行政审批(市局)→行政审批(区局)→领取审批文件。
3. 交通导改申报材料必须提前上报至北京市交管局,审批时间为 15 个工作日,交通导改必须经北京市公安局公安交通管理局审核批准后方可实施。</td><td>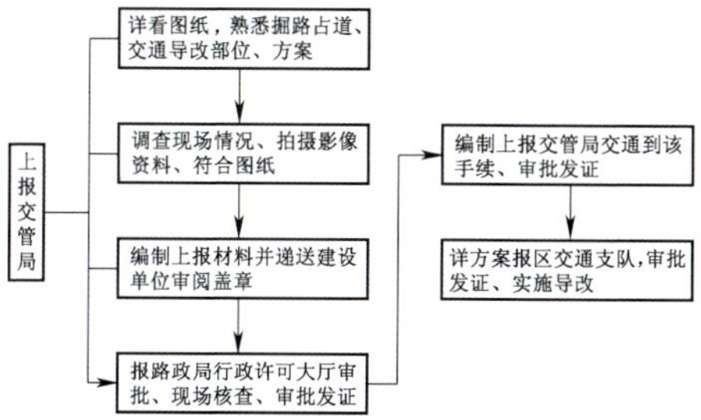
</td></tr>
<tr><td>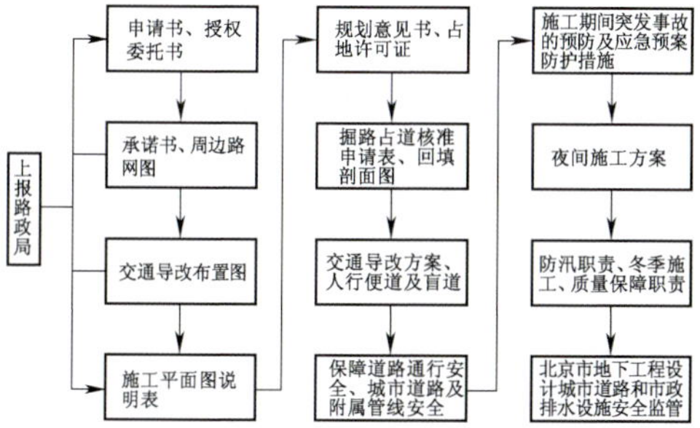
</td></tr>
<tr><td>3</td><td colspan="2">交通导改设施</td><td>施工区标识/前方施工;车辆慢行/道路封闭;左右道封闭;向左向右改道;道路变窄/限速标识。</td><td>
</td></tr>
</table>

续上表

序号	名称	相 关 要 求	实例图/示意图
3	交通导改设施	玻璃钢隔离墙/水马;指挥棒/路栏/反光背心;绕行提示牌/LED 箭头灯;施工警示灯/回转灯/红蓝频闪灯;锥桶/防撞消能桶	
4	安全文明施工措施	1. 成立交通协管领导小组,建立稳定、专职的交通管理队伍。 2. 围挡搭设应整齐、规范、牢固,并保持整洁,要有专人进行日常保洁和维护。 3. 保证临时交通、施工便线道路的硬化。成立文明施工小分队,每天进行清扫,协调社会交通、修整施工便线,保证施工过程中交通畅通。 4. 为了保证施工现场内的社会车辆进出和施工机械的安全操作,在主要道路进出口每天安排专人对施工现场的交通进行疏导。 5. 辅路与主路的出入口处设专人看守,设交通巡逻员,对施工范围内的每个路口进行巡查。在各出入口由交通协管员疏导交通,避免交通事故和堵车事件的发生,交通协管员必须配有交通管理袖标、服饰,在夜间穿反光背心,配置夜间指挥棒。 6. 施工区域、社会交通相汇处设置指路牌、限速标识、导向标识及夜间指示灯,以确保车辆及行人的安全。 7. 在施工区域内设置安全照明灯具,以保证车辆、人员的安全。 8. 施工围挡封闭后,围挡外围串挂红色警示灯,提示行人及行车,确保行车安全。 9. 围挡临近主路侧应每 5m 安装一个反光片,安装高度在 1.2~1.8 m。 10. 在既有通行道路的上行设置 50 m 过渡区、30 m 缓冲区。 11. 在施工期间,白天临街大门要关闭。 12. 在机动车道与非机动车道间用矮栏杆隔开,并由交通协管员在各路口指挥交通,保证行人的安全。	

续上表

序号	名称	实例图/示意图
5	封闭道路占路施工交通导改示意图	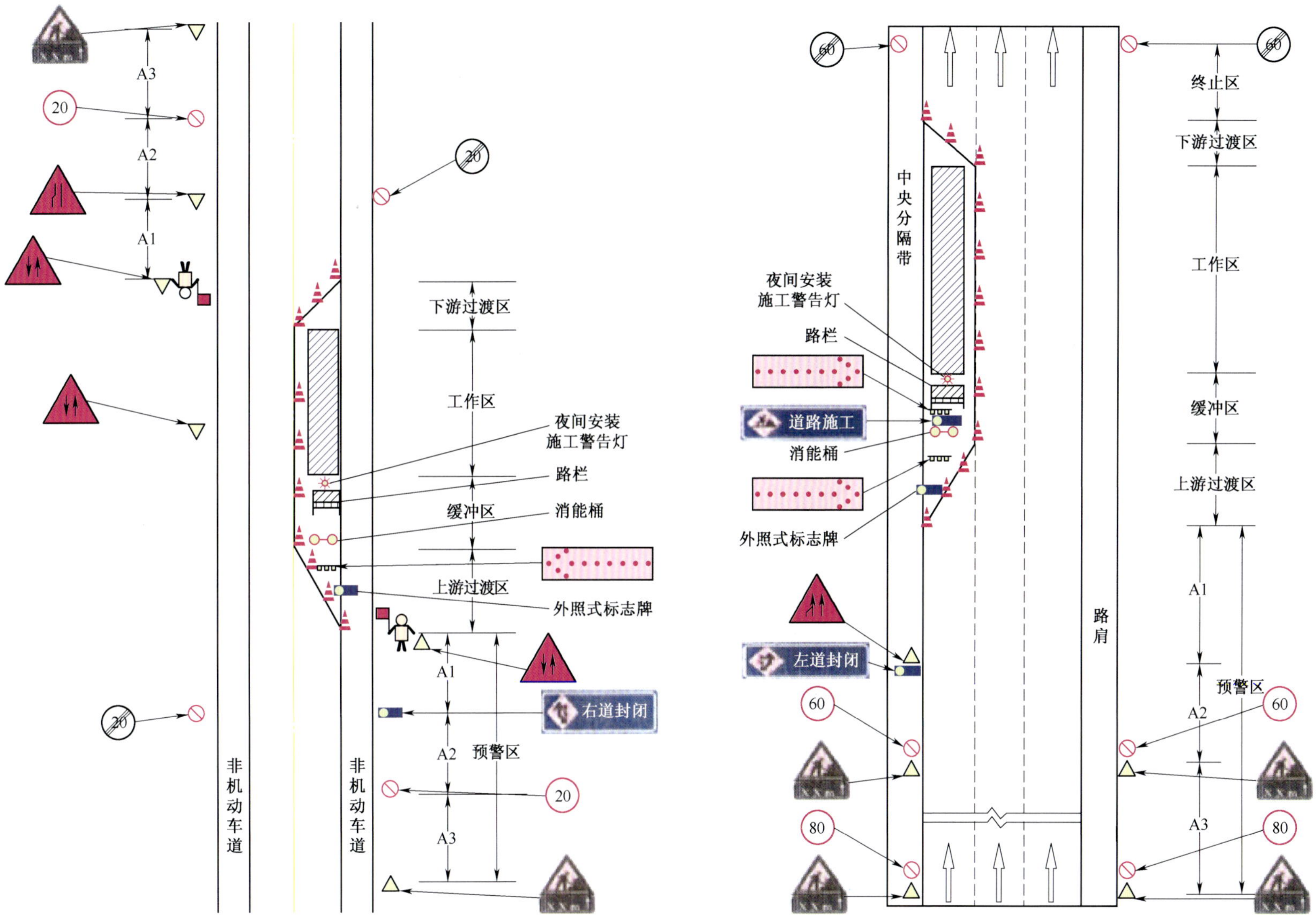

续上表

序号	名称	实例图/示意图
5	封闭道路占路施工交通导改示意图	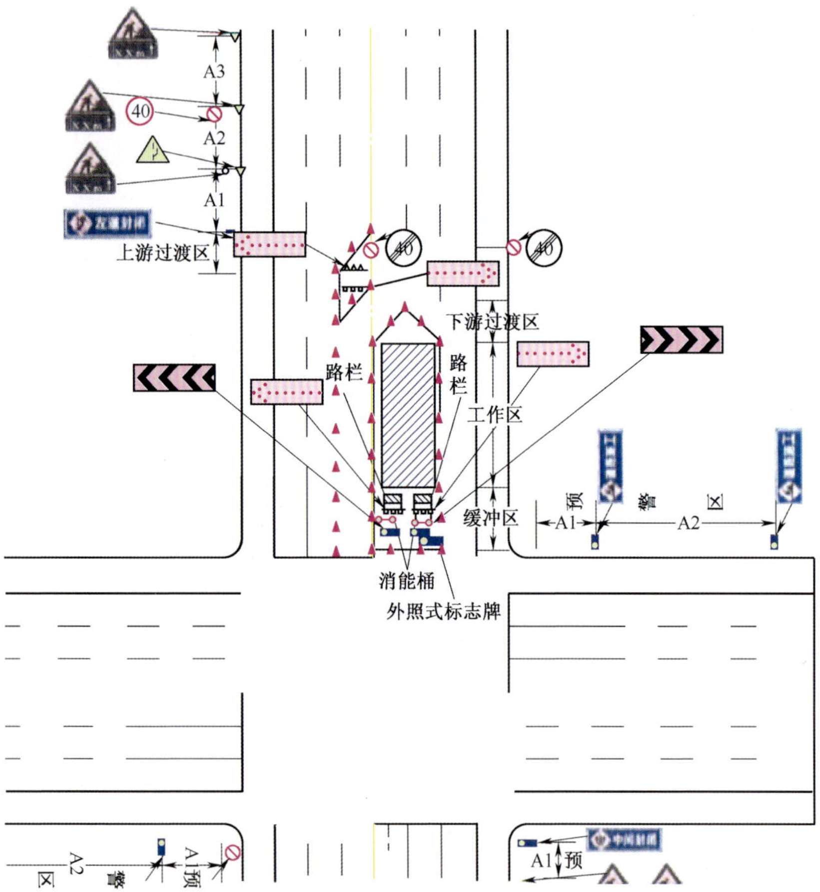 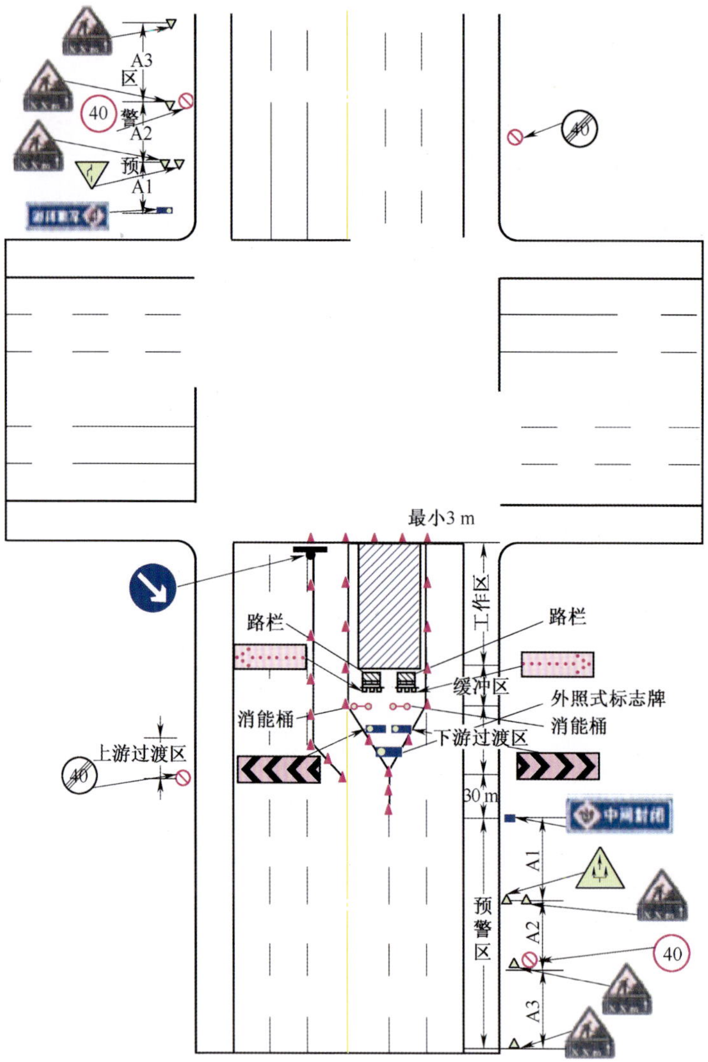

第六章　管线改移及保护

序号	名称	相　关　要　求
1	基本要求	1. 调查清楚与结构有关系的管线,并且清楚管线类型、迁改方案、材质、管径、长度、埋深、基础型式和产权单位,主要是与结构的位置关系。 2. 出管线综合图之前要跟踪管线产权单位负责人和管线综合设计员,确保把与结构或施工有矛盾或风险较大的管线都在管线综合图中得到合理的解决。 3. 与各产权单位巡线人员和专项设计员联系,协助进行专项设计和现场勘查工作。 4. 根据管线埋深和种类排出管线改移先后顺序,应按先深后浅的原则进行施工作业。 5. 办理上路管线改移手续,由于办理占路掘道手续困难,需在场地内施工,必须上路的管线,要一起上报手续。 6. 基坑(槽)、管沟有地下水时,应根据当地工程地质资料采取降低地下水位措施,水位降至坑(槽)底 50 cm 以下,然后再开挖。 7. 沟槽挖深大于 5 m 或复杂地质条件下的专项挖槽方案要提前报审批准及经过专家论证。 8. 堆土应堆在距槽边 1.5 m 以外,计划在槽边运送材料的一侧,其堆土边缘至槽边的距离应根据运输工具而定。在一般土质条件下不宜小于 1.2 m,在垂直的坑壁边坡条件下不应小于 3 m,堆土堆置高度不应超过 1.5 m,对于软土场地的基坑、沟槽则不应在坑、槽边堆土。 9. 工程管线的平面位置和竖向位置均应采用城市统一的坐标系统和高程系统。 10. 压力管道水压试验的管段长度不宜大于 1.0 km;无压力管道的闭水试验,条件允许时可一次试验不超过 5 个连续井段。 11. 管线改移工程必须在新管道建成后,才能进行旧管线拆除。 12. 地铁结构分期施工时尽量不要对管线进行反复迁改,若是跨路口设置的明挖或盖挖车站难以避免管线二次改移,那么在车站施工前要结合交通导改方案事先将管线改移到临时道路下,并且在围挡范围内预留管线恢复位置,或者在管线二次改移位置预留敷设条件。无论是沿车站基坑纵向布置的管线,还是垂直车站基坑方向的管线,在不影响施工的情况下,改移工作尽量在围挡范围内完成,管线勾头工作可在夜间或路面车流量小的时候进行。

续上表

序号	名称		相关要求
2	实施程序	前期工作流程	现场调查核实管线分布情况→统计上报业主前期部→配合业主管线改移会签→配合业主管线改移内审→管线综合设计图及会议纪要的完成→召开配合会办理委托函→与各产权单位核实现场管线改移事项(改移原因、制约因素、改移工筹)→配合各产权单位设计进行专项设计工作、督促施工方上报预算书→合同签订及拨付预付款→现场监督落实管线改移实施。
		测量流程	测量桩位交接→桩位复测→管线开挖测量→管线基础测量→管线安装测量→回填过程测量→竣工测量。
		开挖流程	确定开挖顺序和坡度→沿灰线切除槽边轮廓线→分层开挖→修整槽边→人工清底。
		管道铺设流程	测量放线→沟槽开挖→柔性基础→管道铺设与连接→密闭性检验→管道回填→管道变形检验。

续上表

序号	名称		相关要求
2	实施程序	管线改移实施流程	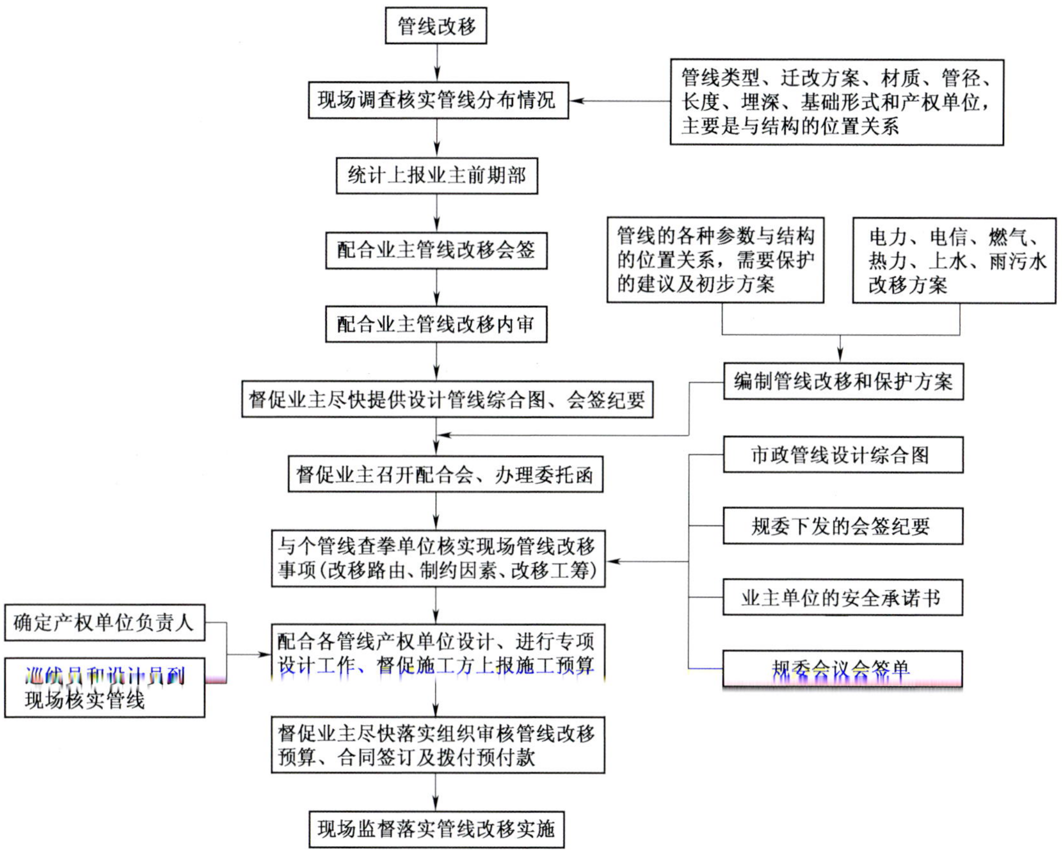

续上表

序号	名称		相关要求
2	实施程序	现场安全防护	1. 在沿车行道、人行道施工时，应在管沟沿线设置安全护栏，并应设置明显的警示标识，在施工路段沿线，应设置夜间警示灯。 2. 在繁华路段和城市主要道路施工时，宜采用封闭式施工方式。 3. 在交通不可断的道路上施工，应有保证车辆、行人安全通行的措施，并应设有负责安全的人员。
		开槽	1. 混凝土路面和沥青路面的开挖应使用切割机切割。 2. 管道沟槽应按设计规定的平面位置和标高开挖。 3. 管沟沟底宽度和工作坑尺寸，应根据现场实际情况和管道敷设方法确定。 4. 梯形槽上口宽度计算式：$b=a+2nh$，其中 b 为沟槽上口宽度(m)；a 为沟槽底宽度(m)；n 为沟槽边坡率，h 为沟槽深度(m)。
		回填与恢复	1. 管道两侧及管顶以上 0.5 m 内回填土。 2. 沟槽回填时应先回填管底局部悬空部位，再回填管道两侧。 3. 回填土应分层夯实，每层虚铺厚度宜为 0.2~0.3 m，管道两侧及管顶以上 0.5 m 内的回填土必须人工压实，管顶 0.5 m 以上的回填土可采用小型机械压实，每层虚铺厚度宜为 0.25~0.4 m。
		警示带敷设	1. 根据规定需敷设警示带的管线，在埋设管道的沿线应连续敷设警示带，警示带敷设前应将敷设面压实，并平整的敷设在管道的正上方，距管顶的距离宜为 0.3~0.5 m，但不得敷设于路基或路面里。 2. 警示带宜采用黄色聚乙烯等不易分解的材料，并印有明显、牢固的警示语，字体不宜小于 100 mm×100 mm。
		管道路面标识	1. 混凝土和沥青路面宜采用铸铁标识；人行道或土路宜采用混凝土方砖标识；绿化带、耕地和荒地，宜采用钢筋混凝土桩标识。 2. 路面标识应设置在管道正上方，并能正确、明显的指示管道的走向和地下设施。设置位置应为管道转弯处，三通、四通处，管道末端等，直线管段路面标识的设置间隔不宜大于 200 m。

续上表

序号	名称	相关要求
3	安全文明施工措施	1. 熟悉掌握设计、业主提供的地下管线图纸资料。 2. 与电力、供水等有关单位联系协商，调查管线的走向和埋设深度，取得走向图，实地放样。 3. 对影响施工和受施工影响的地下管线开挖必要的样洞，核对弄清地下管线的确切情况，做好记录。对管线部位，设标识桩，施工所有人员须熟悉本段管线位置。 4. 在施工总平面布置图上标明影响施工和受施工影响的地下管线。工程实施前向有关单位提出监护书面申请，做好监护交底。 5. 施工前将现场地下管线的详细情况和制定的管线保护措施向现场施工技术负责人、施工员、班组长直至每位操作工人作层层安全交底，填写安全交底记录，明确各级人员责任。 6. 项目部和各班组设兼职管线保护负责人，组成地下管线监护体系。 7. 对施工人员进行“保护公用事业管线重要性及损坏公用管线危害性”教育，严格遵守规定。 8. 严格按照施工组织设计和地下管线保护技术措施施工。 9. 施工过程中发现管线现状与交底内容、样洞资料不符或出现直接危及管线安全等异常情况时，立即通知建设单位和有关管线单位到场研究，商议补救措施，不擅自处理或继续施工。 10. 对可能发生意外情况的地下管线，事先制定应急措施，配备好抢修器材。一旦发生管线损坏事故，立刻保护现场并报告建设单位和监理，积极组织力量协助抢修。 11. 在现状道路进行施工测量时，应设警示标识或安排专人警戒。 12. 施工人员进入施工现场必须戴安全帽，遵守施工现场的安全规定。 13. 上下沟槽应走安全梯道或马道，作业前必须检查边坡稳定性，确认安全后再下槽作业。 14. 上下沟槽必须走马道、安全梯。马道、安全梯间距不宜大于 50 m。 15. 拆除支撑前，应对沟槽两侧的建筑物、构筑物和槽壁进行安全检查，并应制定拆除支撑的实施细则和安全措施。 16. 机械开挖土方时，应按安全技术交底要求放坡、堆土，严禁掏挖。 17. 挖掘机作业前进行检查，确认无障碍物及人员，鸣笛示警后方可作业。 18. 沟槽外围搭设不低于 1.2 m 的护栏，设警示灯，并有专人巡视。 19. 人工挖槽时，两人横向距离不应小于 2 m，纵向间距不应小于 3 m，严禁掏挖取土。 20. 应检查沟壁是否存在裂缝、塌落等情况，支撑有无松动、变形，发现异常时必须立即停止作业，并采取防塌措施。 21. 深沟槽开挖时，安全员应旁站监督，发现异常情况，应立即停止施工作业。 22. 现场堆放的土方应遮盖；运土车辆应封闭，进入社会道路时应冲洗。 23. 对施工机械应经常检查和维修保养，避免噪声扰民和遗洒污染周围环境。 24. 对土方运输道路应经常洒水，防止扬尘。

续上表

序号	名称	相 关 要 求
4	管线保护基本要求	1. 对影响地铁施工的管线应按照市政管线部门规定要求,并结合施工实际情况,可采取悬吊、改移、特殊保护等措施,对不同管线应根据管线种类、管线状况、影响程度和危害分别采取不同的处理方案,当有特殊情况时,可由工程、管线相关单位各方协商处理。 2. 一般沿车站基坑纵向布置的管线均需改移,垂直车站基坑方向的管线,原则上混凝土、砖砌材质的管线需要改移,对于钢(铁)质等抗变形能力强的或电信、电力等柔性材质管线,可采取悬吊保护措施。对于改移困难的雨污水管线,可采取置换导流的措施。对于暗挖车站、区间施工影响范围内的管线,必要时采取洞内加固措施。 3. 当地铁施工需要对电缆沟(光缆)采取保护或改移措施时,首先要查清沟内电缆光缆种类、数量、规格等资料。一般情况下,明挖电缆沟为矩形断面、暗挖为拱形断面,电缆在沟内排列由上到下电压增强。在实际情况中 10 kV 等电压较低、电缆跨度不大的情况下可破沟进行悬吊保护,110 kV 等高压电缆不宜悬吊,建议改移出施工范围,临时改移高压电缆也要敷设于沟体或管道内,并做好绝缘措施。对于要永久改移的电缆沟,特别是高程变动时,要保证明挖电力沟覆土大于 2 m,暗挖电力沟覆土大于 4 m,改移坡度小于 35%,不可垂直改移。 4. 施工区域内分布有多种管线,根据管线的位置及施工对其影响采用改移和保护两种措施:即对位于车站明挖基坑内及端头加固区域内的管线进行临时或永久改移;对位于基坑外及与暗挖通道相交的管线采用在施工过程中严控地表沉降的措施,将管线的被动变形控制在允许范围内,并配以其他辅助措施,确保施工影响范围内地下管线的安全。 5. 明挖施工前,首先在桩所处位置进行探槽施工,挖至原状土,且深度不宜小于 2.5 m,同时结合物探对已知管线进行探挖。每道探槽施工完成后,对探明的管线取得与产权方的联系,如确认废弃,则不作保护,但记录在案;如在使用中,则测量其平面位置、高程,确定管线的方向及管线与线路的关系,分析是否对结构有影响以及保护的难易程度,以便采取相应保护措施,同时,进行插牌标示,标示牌上须注明管线种类、埋深等。将探挖出在使用的管线进行分类,制定相应的保护措施,指导施工。 6. 动土施工前必须经过规定程序审批方能进行。加强日常监测,发生预警要及时给产权单位发送告知书;进场人员都要单独做管线交底和培训。

序号	名称	相关要求
5	管线保护实施程序	1. 根据沿线环境保护要求及暗挖通道施工特点，施工过程中主要从暗挖施工方面入手来减少地表沉降，将管线的被动变形控制在允许范围内，并配以其他辅助措施，确保暗挖通道施工影响范围内地下管线的安全。 2. 施工前对暗挖通道施工影响范围内的地下管线进行全面调查，并列出需重点保护的对象及其所处的里程。对其沉降要求做出全面统计，根据计算或设计要求确定其沉降预警值、不均匀沉降值，为以后施工提供指导。 3. 对于管线埋深较浅，管线分布较少的地段，浅埋暗挖法施工的通道应严格按照“管超前，严注浆，短开挖，强支护，早封闭，勤量测”的施工原则进行施工组织，杜绝掌子面暴露时间过长引起地表沉降。 4. 对于埋深较深或有特殊保护要求的管线的地段，除遵循上述施工原则外还应从加强超前支护、初期支护，进行回填注浆等方面入手严控地表沉降。 5. 采用信息化施工，设定各种管线位移警戒值，及时反馈监测信息，根据施工时实际情况及时调整支护参数及施工步骤，并采用相应的保护措施，从而确保管线的安全。 (1)加强施工管线监控，确保管线保护管理在可控状态有效进行。 (2)加强地面沉降监测，尤其对沉降敏感的管线要布点监测，及时反馈指导施工。 (3)当分析确认某些管线可能受到损害，采用临时加固等方案，并经监理工程师批准后实施。
6	管线保护安全文明施工措施	1. 在施工期间，安排专人进行管线迁改的配合以及管线保护，制定管线保护责任制，成立管线安全控制小组。 2. 加强管线调查在施工中地下管线的破坏将会造成难以预料的严重后果，在施工前对沿线施工影响范围内的管线进行全面的调查，列出需重点保护的对象及其所处的位置，并对其沉降要求做出全面的统计，计算出沉降预警值、允许最大沉降量、不均匀沉降要求，为以后施工提供指导。 3. 加强员工教育，管线保护任务重、难度大，为了保证管线保护工作的正常进行，教育每个施工人员高度重视管线保护工作，施工中做到措施到位，责任落实。 4. 加强监控量测，施工过程中对地表沉降进行观测，对所有受影响的管线进行布点监测，有特殊要求的要加强量测频率及时分析反馈量测结果。同时利用实测数据进一步修正完善地表沉降的预测结果，对可能引起有害变形的管线做出早期预警并制定应急措施。除正常监测外，暗挖通道施工时需特别注意随时观察掌子面及周围区段的渗漏水情况及其变化，必要时应及时封闭掌子面。 5. 加强联系，积极与管线产权单位进行联系，了解管线的运营情况，一旦发现异常，应立即对施工影响范围内的管线进行检查，若确是因施工原因引起，应采取相应措施进行保护。

第七章 明挖工程

序号	名称	相关要求	实例图/示意图
1	基坑支护设置	1. 距离基坑边 2 m 范围内不得堆放任何重物，应有明显隔离设施或标识。 2. 内支撑结构的施工与拆除顺序，应与设计工况一致，必须遵循“先支撑后开挖”的原则。 3. 混凝土腰梁施工前应将排桩等挡土构件的连接表面清理干净，混凝土腰梁应与挡土构件紧密接触，不得留有缝隙。 4. 钢腰梁与排桩等挡土构件间隙的宽度宜小于 100 mm，并应在钢腰梁安装定位后，用强度等级不低于 C30 的细石混凝土填充密实。 5. 钢支撑在基坑外侧拼装成整根，拼装时应注意连接法兰盘螺栓应相互错开、对角、等分顺序拧紧，连接至设计长度，应对螺栓逐个进行检查，对支撑顺直度拉线进行检查。 6. 相邻钢支撑的固定端和活络端应相互交错布置。 7. 使用的钢支撑规格型号应满足设计及规范要求。 8. 临边防护采用的是工具式护栏，墙外侧设置排水边沟。	 
2	基坑周边排水	1. 明挖基坑排水沟底设置 1%～2% 的排水坡。在明挖基坑周边，建议设置在冠梁外皮以外 0.6～0.8 m。排水沟布置应不影响施工、无安全隐患。 2. 排水沟采用明、暗沟形式，采用埋设 DN300 波纹管或钢管（考虑重压）。在明挖基坑周边，建议设置在距离基坑边缘线以外 0.8～1.2 m，间距 5～10 m 设置一处集水井槽，采用单皮砖墙砌筑防水砂浆抹面，内净空尺寸 600 mm×300 mm，深度结合现场坡度考虑，盖铸铁重载雨水篦子，雨水篦子尺寸 750 mm×450 mm。 3. 场地内水流通过排水沟汇总到集水井后，由设置在集水井内的污水泵抽排至基坑边设置的排水系统内，后进入三级沉淀池沉淀后排入市政污水管道。 4. 定期对排水沟进行清理。	 

序号	名称	相关要求	实例图/示意图
3	明挖楼梯设置	1. 护头棚、防护网和踢脚板 (1)楼梯上方护头棚必须具有完全抵抗小型坠物的承载力,同时还应具备足够的延性,即:当出现意外事故(料斗坠落、吊装大型设备坠落)时,护头棚受冲击允许发生一定变形,但仍能保持结构不垮塌。 (2)护头棚要满足规范相关要求。 (3)整个楼梯结构外侧焊接密封网,网目不大于 50 mm,钢丝不大于 3 mm。 (4)踢脚板为白铁皮,用燕尾螺丝固定。 2. 楼梯安装 (1)每层楼梯 2.5 m 高,根据基坑深度设计加工楼梯节数。 (2)安装时从下往上逐层安装,底部与结构底板焊接牢固,每层楼梯用螺栓拧紧,保证每层楼梯的垂直度。 (3)保证每层楼梯的有效连接及整体的稳定性。 (4)整个楼梯喷涂铁红色防锈漆。 (5)楼梯扶手随楼梯踏步通长安装,高度不低于 1.1 m,相关设置满足规范要求。 (6)楼梯宽不小于 1 m。 3. 钢板、型钢采用性能不低于 Q235-A 钢材。 4. 本标准中钢梯及防护均采用焊接或拼装连接。焊接要求应符合规范要求。 5. 自上而下安装的楼梯,考虑到楼梯自重以及活荷载,需要围护结构设计确认。	 

续上表

<table>
<tr><th>序号</th><th colspan="2">名称</th><th>相 关 要 求</th><th>实例图/示意图</th></tr>
<tr><td>4</td><td colspan="2">明挖模架体系</td><td>1. 底板下反梁地模砖砌侧墙后需用水泥砂浆进行抹面处理，确保基面的平整。底模浇筑150 mm 厚 C15 混凝土垫层后敷设防水。
2. 模架安装均按照施工方案执行。
3. 建议按照“绿色安全建造指导意见”要求，积极推进盘扣式模板支撑的使用。
4. 支模脚手架搭设必须依据设计制定专项方案，严格遵守验算、检查、复核、审批等程序。</td><td>
</td></tr>
<tr><td rowspan="2">5</td><td rowspan="2">挡水墙及防护栏杆设置</td><td>挡水墙</td><td>1. 明挖基坑的挡水墙、冠梁或锁口圈同时施工，为模筑或砖混结构，形成整体，高不低于500 mm 并满足当地最高水位防护要求，保证美观。
2. 浇筑完成后，挡水墙外侧涂刷警示油漆。</td><td></td></tr>
<tr><td>防护栏杆</td><td>1. 基坑临边防护栏杆适用于基坑周边区域的围护及施工区的隔离，结构简洁，安装使用方便，感观大方，质量安全可靠，可重复使用，符合安全生产保证体系要求。
2. 临边防护栏杆全部由钢结构组成。钢材采用国家标准材料，制作严格按图纸施工，尺寸正确，焊接点牢固，达到安全防护目的，并满足相关侧压力的防护要求。
3. 每隔 2 m 设一根立杆（钢立柱），钢立柱、角钢刷警示油漆，临边防护栏高度需满足规范要求。
4. 防护栏杆沿挡水墙纵向中心位置四周布设，如遇开口位置则为三周布设。
5. 挡水墙高度不小于 1.2 m 时，可不设防护栏杆。</td><td></td></tr>
</table>

序号	名称		相关要求	实例图/示意图
6	成品保护	混凝土	1. 在混凝土达到强度后，墙柱模板拆除时应派相关工长现场监督，避免破坏成品。 2. 模板拆除后，及时用白色养护薄膜包裹，并用塑钢护角进行混凝土边角成品保护。 3. 塑钢护角涂刷醒目的警示油漆。	
		钢筋	1. 结构施工工班负责组织人员保护。 2. 钢筋丝头加工完成后，加工人员根据钢筋型号立即安装好塑料保护帽或套筒。钢筋在运输、安装过程中作业人员应确保保护帽不脱落。 3. 在混凝土浇筑前，根据混凝土标高在紧贴混凝土面标高的外露钢筋用蛇皮套管保护，根据钢筋外露长度确定套管长度，一般采用 500 mm，防止混凝土施工污染钢筋。 4. 塑料保护帽及蛇皮套管应由结构工班回收重复利用。 5. 放置地点：塑料保护帽放置在钢筋加工场，钢筋加工完成后根据钢筋型号戴好保护帽，蛇皮套管放置在库房，钢筋安装完后使用。	
7	材料吊运器具及防护标准	料斗	1. 根据起重机的型号及吊运的材料数量而定。 2. 上口部焊接四个吊环，对称布置，吊环采用圆钢。为了卸料方便，底部直角处对称焊接 2 处吊环。 3. 使用过程中注意经常检查钢丝绳的固定部位和四角平衡情况，防止料斗发生倾覆情况，吊运施工过程中，要指定专人指挥。 4. 结构工班负责料斗的日常使用和维护工作，发现有破损情况，工班及时组织人员修理。 5. 料斗主框架采用角钢焊接而成，吊环采用圆钢，主体采用厚钢板焊制。 6. 料斗主要用于向基坑吊运一些散料，具体放置位置视吊运作业位置而定。	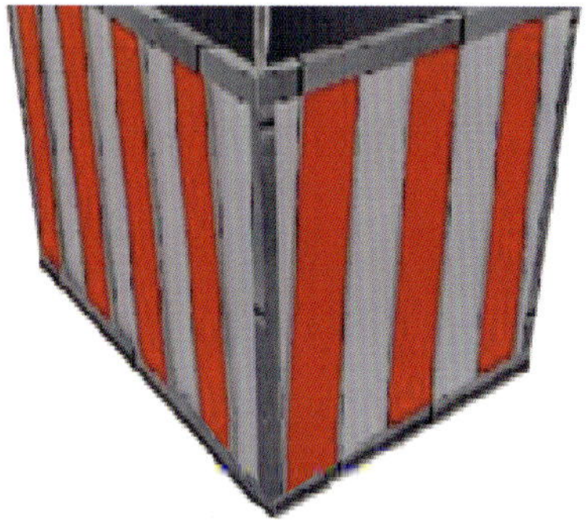
		钢筋笼吊铁扁担	1. 按施工要求安装钢筋笼的工作步骤应先利用吊车的主钩将钢筋笼水平吊离地面，再利用吊车的副钩在空中吊装竖直后进行下放。 2. 根据钢筋笼的长度，确定钢筋笼的吊点个数(两个或三个)。 3. 卸扣形式材质及钢丝绳选用材料需能满足现场安全及规范要求。 4. 放置地点：吊车自配携带。	

续上表

序号	名称		相 关 要 求	实例图/示意图
8	监控量测	浅埋式基准点	1. 材质规格参数要求： (1)选取不锈钢材质。 (2)测点规格：杆长 160 mm、杆直径 16 mm、帽直径 20 mm(顶部带十字丝)、标识圆盘直径 60 mm、厚度 3 mm。 (3) 保护筒规格：内径 150 mm、高度 100 mm、壁厚 3 mm，配备链条式保护盖；保护盖正面印“水准基点”字样，背面喷涂基准点点号。 2. 埋设技术要求： (1)基准点应布设在施工影响范围以外的稳定区域，且每个监测工程的竖向位移观测的基准点不应少于 3 个。 (2)人工开挖坑口直径 900 mm，坑底直径 800 mm，不小于 1 300 mm(冻土线以下 50 mm)的圆形坑槽。开挖完成后，对底部土体进行压实处理。 (3)制作直径 700 mm、高 200 mm 的圆柱体墩台底座；底座上部制作直径 300 mm、底部直径 500 mm，高 800 mm 的圆柱体标石，标石制作同时将带盖保护筒预埋至标石中心位置，将基准点构件置于保护筒中心位置。 (4)测点埋设完成后对坑槽进行加固处理，完成后采用铸铁盖进行保护，待沉降稳定后使用。	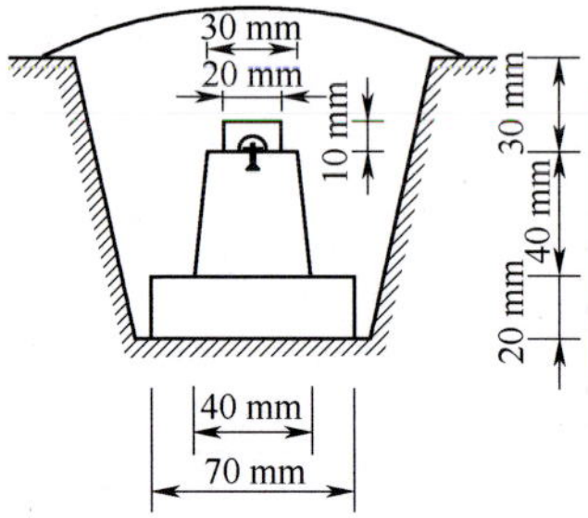 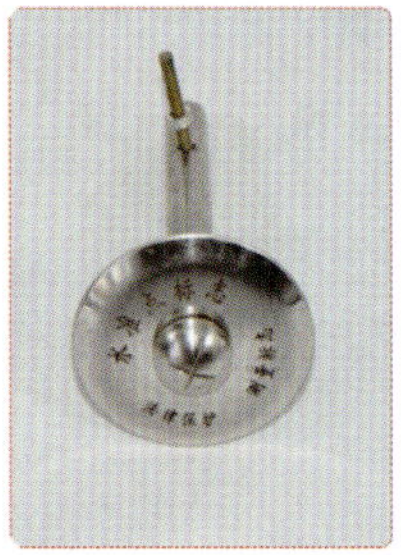
		建筑物式基准点	1. 建(构)筑物竖向位移监测点埋设采用“L”形不锈钢，直径为 18～22 mm，外露端顶部位加工成半球形。 2. 采用钻孔埋入的方式，监测点的高度位于地面以上 300 mm，外露端顶部与建(构)筑物外表的距离为 30～40 mm，监测点埋入结构长度为墙体厚度的(1/3)～(1/2)，周边空隙用锚固剂回填密实。监测点埋设时应注意避开有碍观测的障碍物，布置在房屋转角或构造柱处，设置标识，注意保护。 3. “L”形不锈钢，直径为 18～22 mm，外露端顶部位加工成半球形。 4. 放置地点：建筑物侧墙。	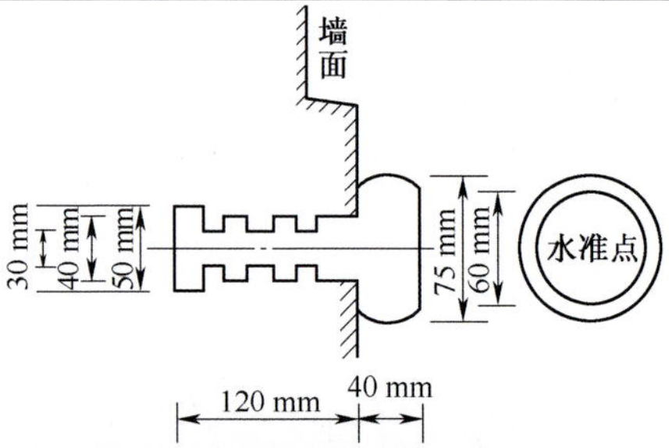 

续上表

序号	名称		相　关　要　求	实例图/示意图
8	监控量测	桩(墙)顶水平位移测点	设站点: 1. 明挖基坑周边必须设置观测台,表面喷涂警示颜色,颜色与场地护栏颜色一致。 2. 观测台尺寸根据现场情况确定,以能保证作业空间和作业安全为宜。观测台与基坑边水平距离以及底座高度根据护栏高度及视线情况确定。 3. 将强制对中观测盘置于墩台底座上部。 4. 观测墩台数量应根据基坑长度确定,在满足规范监测精度要求的前提下,观测墩台间距应不大于 100 m。	
			后视点: 1. 桩(墙)顶水平位移监测必须设置固定后视点。在基坑影响区范围外开挖深 60 cm 坑,将直径 30 cm,长 220 cm 的 PVC 管件埋入坑内,保证地面硬化后外露部分不低于 100 cm,并满足后视通视条件。 2. 硬化路面的同时向 PVC 管件内灌注混凝土,灌注过程中保证管件的垂直稳定。 3. 混凝土灌注完成之后,将对中盘支架置入 PVC 管内混凝土中,对中盘表盘置于外表面,并进行整平处理。 4. 待强度及稳定性到达要求后进行观测使用。 5. 后视点设置保护栏,保护栏尺寸长 60 cm×宽 60 cm×高 100 cm,颜色与场地护栏一致。 6. 每测站后视点数量不少于 4 个。	 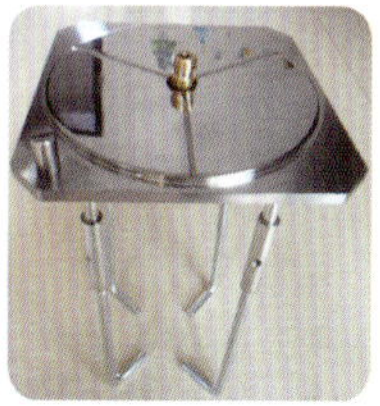
			测斜管埋设技术要求: 1. 测斜管绑扎固定在成型钢筋笼内侧通长的主筋上,在围护结构吊装下放前绑扎完成。 2. 测斜管长度应根据围护结构深度确定,相邻节应对接良好、紧密无缝隙,内壁导向凹槽顺畅;相邻管接头三重防护(螺丝紧固,密封胶密封,胶带保护),螺丝长度不得穿透测斜管内壁;底部应采用尖端橡胶材质堵头封堵,并包裹密封。 3. 测斜管通长应确保垂直,避免纵向扭转。 4. 测斜管绑扎时应调正方向,安装时将其中 1 对凹槽对准需要监测的位移方向,即埋设就位的测斜管必须保证内壁 2 对凹槽分别与基坑围护结构呈垂直、平行方向。 5. 测斜管与钢筋笼牢固绑扎,绑扎间距不宜大于 1 m;管底宜与钢筋笼底部持平或略短于钢筋笼(管底不超出钢筋笼)。 6. 测斜管顶部外套管保护(避免剔凿桩头浮浆造成管口损坏,且管口外露部分以便于醒目标记为宜),保护范围应至少覆盖冠梁底标高以下 20 cm 至冠梁顶面。 7. 测斜管放置于围护结构迎土侧。	  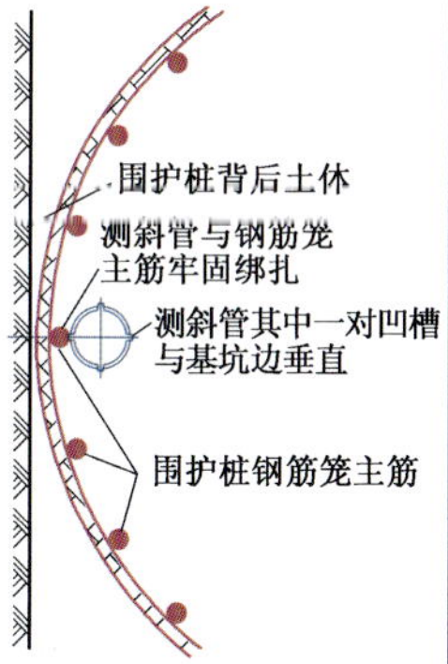

续上表

序号	名称		相关要求	实例图/示意图
8	监控量测	桩(墙)顶水平位移测点	分段测斜管埋设技术要求： 1. 当围护结构钢筋笼较长、需要分段制作且两次吊装时，测斜管应随之采取分段处理，且分段长度与钢筋笼各段长度相一致，绑扎固定在两段钢筋笼对接的同一主筋上。 2. 测斜管应在钢筋笼制作后且分段前完成通长连接，测斜管分段位置应与钢筋笼分段位置保持一致，并将测斜管相邻段接头置于分段位置。 3. 分段钢筋笼吊装在孔口搭接的同时进行测斜管的连接，对接处测斜管内导向凹槽角度吻合，管体无缝搭接，以满足内槽连贯通顺。	 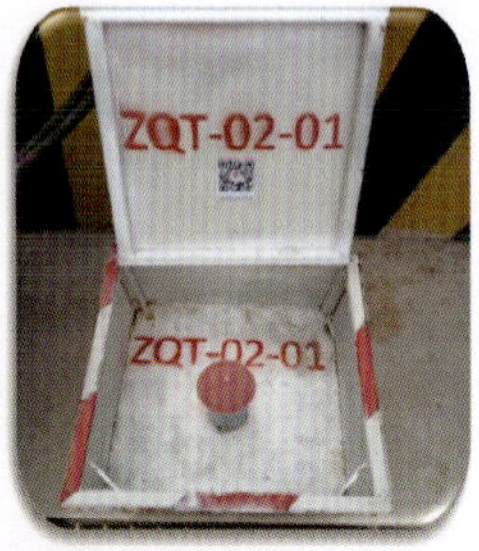
			地下连续墙测斜管埋设： 1. 测斜管埋设时通过直接绑扎将其固定在地下连续墙钢筋笼内，绑于槽内/槽外方向视钢筋笼加工条件及测斜管绑扎条件确定，绑扎位置以不影响地下连续墙导管浇筑、压浆施工及预留锚杆为宜。 2. 地下连续墙测斜管埋设同围护桩测斜管埋设技术要求一致。 3. 基坑坑边护栏安设应充分考虑围护结构深层水平位移施测条件，测斜管固定在挡墙内或位于护栏内，监测难度较大时，应制作监测作业平台，防护标准及警示颜色与挡墙、护栏一致。	
		支撑轴力测点	1. 测点埋设技术要求： (1)支撑轴力计宜布设于钢支撑固定端； (2)支撑轴力计线缆应从轴力计下部引出； (3)对线缆引出端进行标识，将带有编号的线缆末端引进保护箱内固定。 2. 线缆保护箱安设技术要求：轴力计线缆保护箱规格不小于20 cm×30 cm×15 cm，材质为金属。	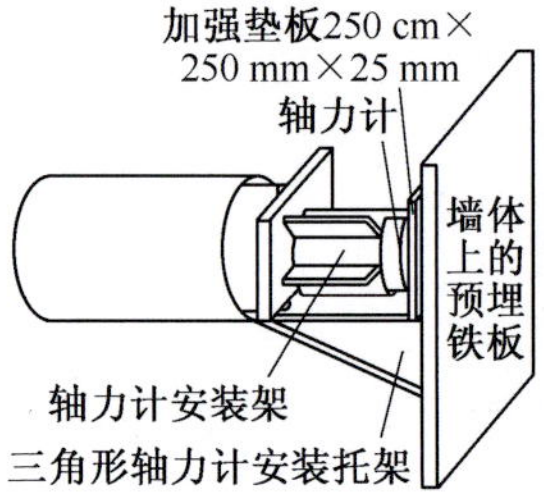 
		测点标识	1. 施工现场监测点应进行标记，标识牌应简洁美观，规格统一。 2. 当测点位于场地内时，应设标识牌，按断面进行标识，标识牌应含有测点类型、测点编号、埋设时间、联系人及联系方式，标识牌应采取铝塑板或铁板制作，标识牌尺寸不能小于30 cm×20 cm。对位于围护结构周边的桩(墙)顶位移、桩(墙)体位移测点可在测点附近的护栏、围挡上悬挂或粘贴测点标识牌，标识牌应醒目端正，内容清晰。埋设于地表的测点保护盖上正反面都标识测点编号。 3. 当测点位于施工场地外时，标识内容仅为测点编号，保护盖正反两面均应设置测点标识。	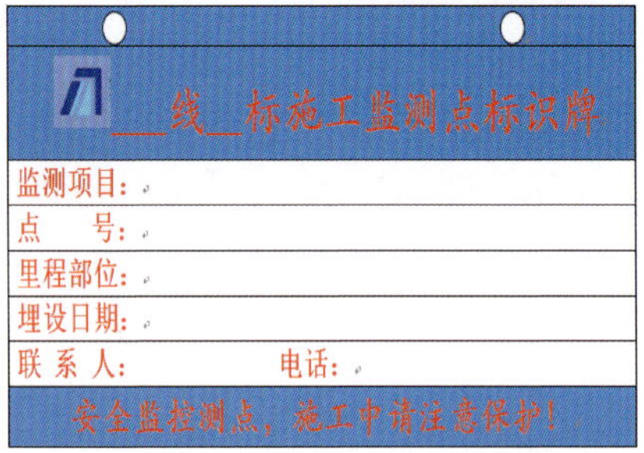

续上表

<table>
<tr><th>序号</th><th colspan="2">名称</th><th>相关要求</th><th>实例图/示意图</th></tr>
<tr><td rowspan="4">8</td><td rowspan="4">监控量测</td><td rowspan="2"></td><td rowspan="2">4. 共用测点、仅施工测点区分颜色,标识颜色可采用共用测点为绿色,仅施工测点为蓝色。
5. 应布设于冻土线以下原状土内。
6. 应穿透道路表面结构层,将其埋设在较坚实的地层中。
7. 埋设于道路路面的测点应埋设平整,防止由于高低不平影响人员及车辆通行。
8. 测点埋设稳固,做好清晰标记,方便辨识。
9. 测点应设置保护筒及保护盖。
10. 测点标志采用钢筋直径 $\phi18\sim\phi22$,长度不小于 100 cm 的螺纹钢材质。
11. 测点标志顶端需制作为半球状。
12. 测点标志顶端宜选用不锈钢材质(推荐)。
13. 测点应设置保护筒,保护筒宜采用 ABS 工程塑料、铸铁或不锈钢材质,保护筒尺寸内径不小于 13 cm,长度不小于 20 cm,护筒壁厚不小于 0.2 cm。
14. 测点需设置保护盖,保护盖宜采用 ABS 工程塑料保护盖(推荐),应采用不同颜色的保护盖以区分地表沉降测点和有压管线沉降测点及无压管线测点,颜色选择宜适合周边环境,每条线路保护盖颜色应统一。
15. 保护盖上正反面均应标识测点编号。</td><td>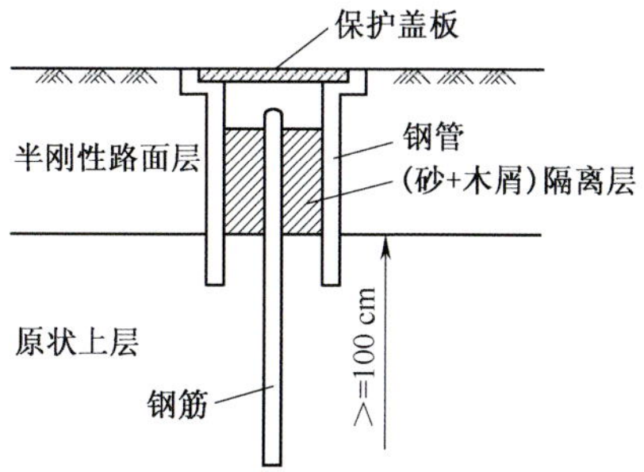
</td></tr>
<tr><td></td></tr>
<tr><td rowspan="2">建筑物沉降点</td><td rowspan="2">1. 建筑物测点布设形式首选布设钻孔式测点,钻孔式测点无法布设时,可依次按螺栓式测点、粘贴式测点、条码尺测点的优先顺序选择布设形式。
2. 钻孔式测点埋设要求应依据《城市轨道交通工程监测技术规范》附录 B 建构筑物竖向位移监测点埋设要求。
3. 标志点距离地面高度不宜低于 30 cm。
4. 测点埋设稳固,做好清晰标记,方便辨识。
5. 钻孔式测点采用钢筋材质或不锈钢材质,直径不小于 $\phi18$,长度不少于 8 cm。
6. 螺栓式测点采用钢筋材质或不锈钢材质,各部尺寸应满足《建筑变形测量规范》(JGJ 8—2016)要求,具体尺寸见示意图。
7. 粘贴式测点采用钢筋材质或不锈钢材质,粘贴部分为不小于 6 cm×6 cm 大小的方形。
8. 条码尺测点条码尺长度为 40 cm,并将条码尺标志塑封后粘贴使用。</td><td>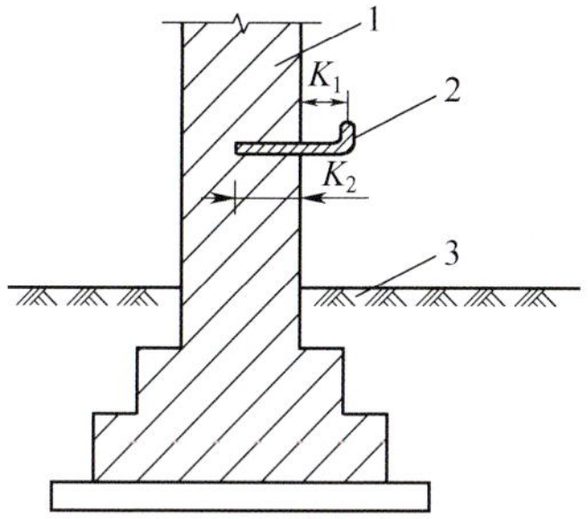
</td></tr>
<tr><td>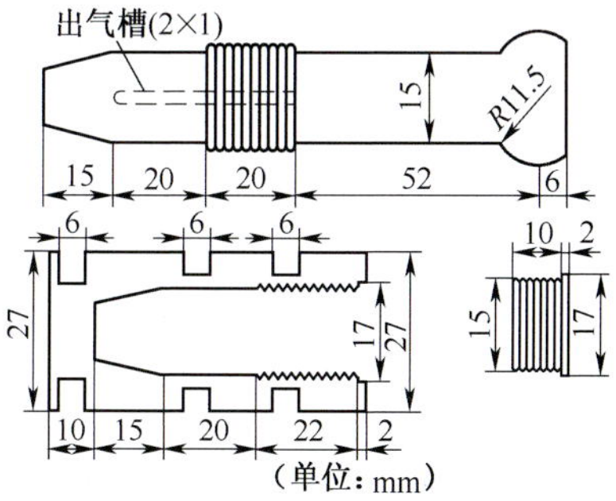
</td></tr>
</table>

续上表

序号	名称	相关要求	实例图/示意图
9	基坑土方开挖	1. 开挖应遵循“横向放坡、纵向开槽、分段开挖、随挖随撑、量测反馈、严禁漏撑”的原则。 2. 基坑开挖时应及时设置坑内排水沟和集水井，防止坑底积水。 3. 当基坑挖至距离设计坑底标高 300 mm 位置时，改用人工修挖。 4. 土方开挖时，在距基坑边 2 m 范围内严禁堆放重物。 5. 在挖土过程中严密注意各种监测数据，严禁超挖。 6. 严格控制开挖面的放坡坡度，保证边坡的稳定。 7. 运输渣土的车辆需符合相关规定，车厢封盖严密，出场必须洗净车轮和车外部泥土。 8. 现场弃土必须采用密目网或苫布进行遮盖。	 
10	钢围檩、钢支撑防脱落装置	1. 膨胀螺栓必须打入围护桩内，深度与膨胀螺栓相同，接着把螺帽拧紧 2、3 扣后感觉膨胀螺栓比较紧而不松动后再拧下螺帽，再把角钢对准螺栓装上，装上外面的垫片或是弹簧垫圈把螺帽拧紧即可。 2. 钢支撑防脱落，钢丝绳卡扣应放至少 3 个，间距要大于钢丝绳直径的 6 倍。 3. 花篮螺丝扣码一定要拧紧。 4. 钢围檩上的挂环要和钢围檩双面焊接。 5. 钢板之间要满焊，并采用双面焊，焊缝饱满，无虚焊。 6. 牛腿安装标高应与基坑坡度相同，在一条水平线上，防止安装钢围檩时，出现与牛腿之间空隙。	 

续上表

序号	名称	相关要求	实例图/示意图
11	钢围檩、钢支撑安装及拆除	1. 为使桩、钢围檩、支撑结合紧密，并有效减少基坑外地层的沉陷及减少围护桩桩体的内向位移，支撑安设好后，向外施加预加轴力，施加值根据地表沉降及桩体水平位移情况适当调整，设计预加轴力根据施工监测情况分级施加，避免围护桩桩体发生向基坑外侧过大变形。 2. 安装前，在地面按数量及质量要求及时配置支撑。 3. 安装过程中，钢围檩、端头、千斤顶各轴线要在同一平面上，两台千斤顶必须同步施加预应力。 4. 支撑安装时必须确保支撑轴向受力，不产生偏心，以免支撑失稳。 5. 钢支撑的固定端与活动端纵向应逐根交错布置，在基坑开挖过程中，安装钢支撑与预加力时间应控制在 8 小时内完成。 6. 钢支撑拆除必须在其下结构板强度达到 100% 后进行。 7. 钢支撑拆除时要保证轴力的安全卸载，避免应力突变对围护结构、主体结构产生负面影响。 8. 钢支撑拆除过程中加强围护桩各项监测，根据监测情况调整拆除长度。 9. 具体设置需结合现场实际。	 
12	照明灯架	1. 照明灯架高度根据现场情况确定，可采用标准节段拼接需要高度，灯架通过混凝土固定或者膨胀螺栓固定在混凝土地面。 2. 车站基坑灯架采用方钢制作预埋，牢固稳定，高 1.8 m，配专用电箱，悬挂双面安全质量宣传标牌。 3. 灯架基础应有设计方案，距基坑边不小于 2 m。 4. 灯架底部、操作平台处需加绝缘胶垫，平台四周设置不低于 1.2 m 高护栏，做好接零及避雷措施。 5. 灯架可装配、可周转使用。	

续上表

序号	名称	相　关　要　求	实例图/示意图
13	模板支架	1. 使用盘扣式支架。 2. 钢管表面应平直光滑,不得有裂缝、结疤、分层、错位、硬弯、毛刺、压痕、深的划道及严重锈蚀等缺陷,严禁打孔。 3. 盘扣铸件表面光滑平整,不得有砂眼、缩孔、裂纹、浇冒口残缺等缺陷。 4. 铸件不得有裂纹、气孔,螺栓不得滑丝。不宜有缩松、砂眼或其他影响使用的铸造缺陷。 5. 扣件不得有裂缝、变形,丝扣无损伤。 6. 必须刷防锈漆。	 
14	龙门吊轨道	1. 按图纸设计的位置、高程安装轨道、钢轨铺设前,应对钢轨的端面、直线度和扭曲进行检查,合格后方可铺设。安装前应确定轨道的安装基准线。 2. 轨道设置要求:轨道铺设在强度等级为 C30 混凝土浇筑的冠梁或者单独浇筑的混凝土行走梁上,行走轨道宜采用型号为 43 kg/m 的标准轨道。 3. 轨道底面应与冠梁或者行走梁顶面贴紧。 4. 每隔 500 mm 预埋 7 字形地脚螺栓一组,一组为两根(采用直径为 20~22 mm 的热轧光圆钢筋,每根长度 400 mm,7 字横头长度 200 mm,丝扣长度 80 mm,配一螺母,一平垫,一弹簧垫片),对称布置在轨道两侧。 5. 端部止挡设置要求:要求布置于距离钢轨尽头 1 m 处,高度约为 1 mm,材料采用 20a 工字钢,涂警示油漆,背后支撑牢固。 6. 标准轨道型号为 43kg/m 的,垫板长度不应小于 100 mm,7 字形地脚螺栓,材料采用 20a 工字钢。 7. 周转使用:轨道夹板、压板及钢轨均为可周转材料。	 

续上表

序号	名称	相关要求	实例图/示意图
15	龙门颜色标示	1. 明挖行走龙门一般均采用招标采购模式。 2. 行走龙门配置、材质根据合同约定选型。 3. 行走龙门跨度、高度、提升能力及速度根据结构尺寸及场地布置确定。 4. 行走龙门是否悬臂及悬臂长度根据场地布置及周边环境确定。 5. 行走龙门外观整体采用橘红(或深灰)色,色号为《漆膜颜色标准样卡》(GSB 05—1426—2001)(GSB G 5100—1994)R05。 6. 行走龙门横梁两面喷涂企业标识字样,字体采用宋体,字体颜色采用白色,字号根据横梁的高度确定。	 

第八章　暗挖工程

序号	名称	相 关 要 求	实例图/示意图
1	竖井挡水墙及防护栏杆施工	1. 挡水墙与锁口圈梁一体浇筑完成,有效高度不低于 500 mm 且满足当地防汛要求。 2. 挡水墙上方设置防护栏杆,涂刷警示色;挡水墙及防护栏杆总高度不低于 1.2 m。 3. 挡水墙不连续部位配置充足的防汛物资,确保挡水墙封闭严密。	 
2	视频门禁系统：大门视频门禁	1. 门禁卡、信息卡、工作下井卡一体化,减少携卡数量,方便统一管理。 2. 铁皮门最小开门尺寸为 900 mm,刷卡后采取手动推拉开启方式。 3. 保证在断电的情况下能正常开启门禁系统。	
	视频门禁系统：下井视频门禁	1. 通道机机身长度及机架间有效宽度需确保一个人的正常通过,保证疏散要求。 2. 安装位置宜设在人员必须通过的口部。 3. 通道语音自动提示。 4. 设置人员进出隧道感应系统和人员井下定位系统,能详细记录并准确追踪定位每位井下人员。全方位设置监控设施,便于对每个作业面的远程巡视和监控管理,项目部设置有专门的监控室统一专人管理,在竖井入口设置屏幕显示人员数量和人员位置。	

续上表

序号	名称	相　关　要　求	实例图/示意图
3	竖井楼梯设置	1. 钢板、型钢采用性能不低于 Q235-A 钢材。 2. 竖井楼梯也可以采用可装配式，便于重复利用。 3. 构件制成后应检查零件是否齐全，构件表面应光滑无毛刺，安装后不应有歪斜、变形等缺陷。 4. 表面涂刷警示油漆，不得出现气泡及空鼓。 5. 楼梯宽度不小于 1 m，踏步宽 280 mm，高度 150 mm，楼梯需做防滑处理。 6. 楼梯栏杆高度为 1.2 m，下部设踢脚板，刷警示油漆。 7. 楼梯安装后应组织有关单位验收合格后方可正常使用，使用期间安排专人定期维护，确保安全。	
4	护头棚	1. 首先避免吊装与步梯交叉。 2. 施工竖井作为地铁暗挖土方、材料吊装及运输通道，当兼作施工人员进出通道时，必须设置安全防护。 3. 竖井楼梯护头棚采用方钢做骨架，立柱下焊接钢板，螺栓固定在锁口圈梁上，竖井内立柱固定在距离楼梯踏步最近的型钢上。 4. 护头棚斜撑和檩条采用方钢，按照平面图位置进行焊接。 5. 护头棚上部采用钢板与顶部框架焊接。	
5	竖井隔离设置	1. 竖井楼梯与吊装口间必须设置有效隔离措施。 2. 隔离措施可采用方钢作骨架，框架竖向为通长设置。 3. 骨架间用钢丝网/钢板网封闭。	
6	弃渣口防护	1. 防护栏杆必须安装稳固，满足高度、刚度、纵向杆件密度等参数要求。 2. 采用材料主要有工字钢、方钢、钢管、钢丝绳等。 3. 出渣临边防护门立柱采用工字钢，中间是两扇平开门，平开门向内开启。 4. 平开门采用方钢为骨架。 5. 防护门及倒车阻拦工字钢刷警示油漆。	

续上表

序号	名称	相关要求	实例图/示意图
7	风水管	1. 风、水管均同排布置在初期支护边墙侧，距底板高度 1.2 m 的位置，应安装管线标识牌。 2. 风、水管布置时按风管在上、水管在下的原则统一布置。 3. 风、水管每 6 m 安装一支架固定。	
8	通风设备	1. 通风管采用硬质风管，沿隧道方向布置，减少折弯，确保平顺，保证通风效果。 2. 通风管每 2 m 固定在侧墙或初期支护扣拱上，以防止通风过程中振动产生安全问题。 3. 通风方式可根据实际情况联合通风，风管统一标识。	
9	照明布置	1. 洞内照明线采用安全电压。 2. 灯泡、支架每 5 m 布置一个。 3. 灯头必须采用防水的瓷灯头，建议采用 LED 灯。 4. 架设导线，若照明线与动力线安装在同一侧时应分层架设，线间距不小于 0.2 m，距边墙的距离不小于 0.1 m。 5. 暗挖施工洞内距离掌子面不大于 30 m 安装一个照明开关箱，掌子面所安装的灯具要保证足够的亮度，行灯必须带绝缘柄耐高温的手持行灯，行灯无开关，灯泡外有金属保护网。 6. 照明线路标识牌每 15 m 安装一个。	
10	应急疏散	1. 应急照明灯应沿隧道疏散方向均匀布置，并注意走道转弯处、交叉处、地面变化处等均应布置应急照明灯。 2. 应急照明灯，每 10 m 安装一个。 3. 疏散标志沿疏散方向安装在隧道边墙及转角部位 1 m 以下的方向，疏散标志安装间距不大于 20 m，距地面不大于 500 mm。 4. 疏散标志安装位置参照《消防安全疏散标志设置标准》。 5. 定期检查维护，保证其完好性。	

续上表

序号	名称	相 关 要 求	实例图/示意图
11	洞内标识	1. 标识牌必须规范悬挂，确保整齐。 2. 标识牌应悬挂在醒目位置。 3. 标识、标牌应与现场实际情况相符。 4. 标识、标牌用字规范、字体清晰、无破损、无污染。	
12	洞内配电箱	1. 配电箱与开关箱应装设在干燥、通风及便于操作的地方。 2. 配电箱、开关箱应装设端正、牢固、防尘，箱门外侧面应有安全用电警示标识、编号和责任人。控制开关应标明用途，并在箱体正面门内侧面设本箱单线系统图。固定式配电箱、开关箱的中心点与地面的垂直距离应为 1.4～1.6 m。移动式配电箱、开关箱应装设在坚固、稳定的支架上。其中心点与地面的垂直距离宜为 0.8～1.6 m。 3. 洞内设置电动施工机械专用充电区域，独立设置开关箱。 4. 洞内配电箱处应设置足够数量的灭火器，并加强日常的巡视检查。	
13	洞内施工机械（油改电）	1. 洞内不得使用燃油施工机械。 2. 洞内运输车速不大于 5 km/h。	 

续上表

序号	名称	相 关 要 求	实例图/示意图
14	暗挖机械成孔	1. 暗挖施工的围护结构、支承桩、柱施工作业全面采用机械化成槽、成孔工艺。 2. 从严管控人工挖孔作业,限制选用劳动密集型作业工法。	
15	洞内喷锚	1. 施工过程中应根据现场实际选择位置,方便喷锚料等物资运输。 2. 施工过程中避免使用过长的风、水管及喷锚管,防止管线过长造成堵管、爆管等现象。 3. 喷射设备或混合搅拌设置集尘器或除尘器。 4. 喷射混凝土施工作业时,工作人员必须正确佩戴安全帽、个体防尘用具等劳保用品。	
16	应急物资	1. 应急物资台架设置在距离掌子面不大于 20 m 的位置,并方便移动,骨架涂刷警示油漆。 2. 应急物资应根据现场施工情况合理配备,定期专人员统计、补充、更换,并建立应急物资动态台账,应急物资需与应急预案相符。 3. 应急物资应张贴鲜明的警示标志,严禁随意挪用。 4. 应急物资应分类码放整齐,严禁堆放其他杂物,严禁上锁及捆绑。	

续上表

序号	名称	相　关　要　求	实例图/示意图
17	洞内监测点	1. 洞内监测点布设应满足设计及现场施工的要求。 2. 监测点位标识牌应与相应的监测点布置在同一里程位置，前后误差不得大于 10 cm，并根据现场尽量统一设置在同一高度。 3. 监测点位应做好保护，防止碰撞，禁止悬挂异物。 4. 监测点位标识牌应固定牢靠，并将施工部位、编号、里程等标识清楚，字迹要清晰可辨。 5. 施工监测点应由专人进行巡视，定期检查维护。	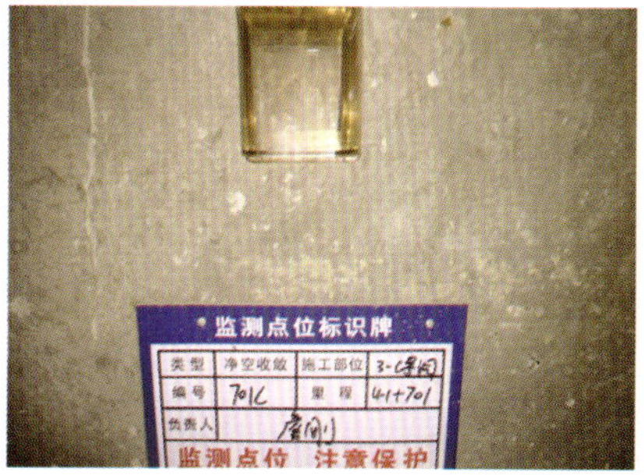
18	洞内注浆施工	1. 注浆机保证压力表完好无损，注浆表的量程应与注浆压力相匹配。 2. 严格按照规范、设计和施工方案施工，控制注浆量和注浆压力。 3. 注浆设备的铭牌完好。 4. 醒目位置悬挂注浆参数。 5. 注浆机工作后及时清洗，工完场清。	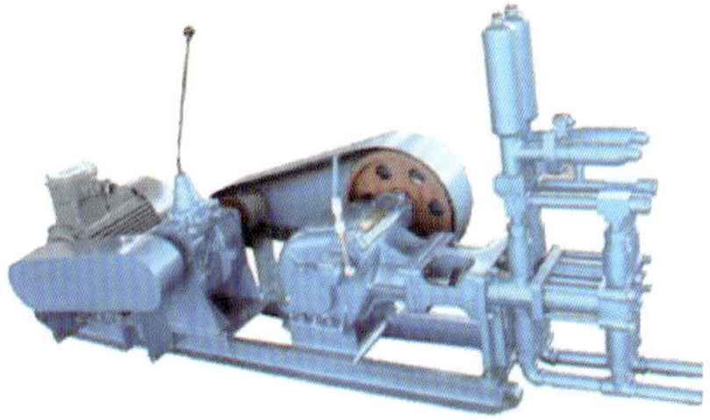
19	洞内通信	1. 暗挖隧道内与地面必须设置有效的通信设施。 2. 隧道内的通信终端距掌子面不大于 50 m。	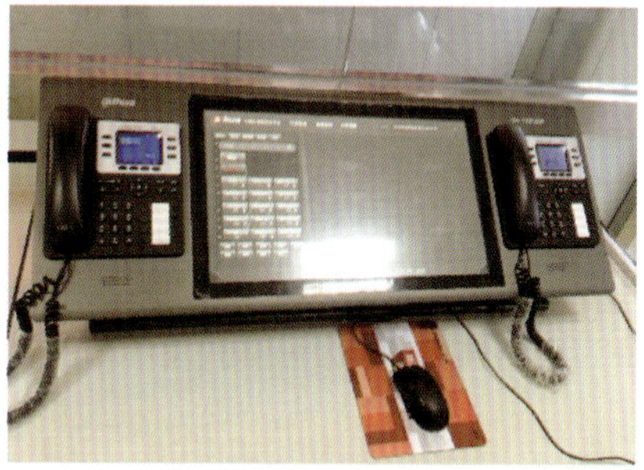 

续上表

<table>
<tr><th>序号</th><th>名称</th><th>相 关 要 求</th><th>实例图/示意图</th></tr>
<tr><td rowspan="2">20</td><td rowspan="2">衬砌台车/模板支架系统</td><td rowspan="2">1. 衬砌台车的强度、刚度、稳定性须满足规范要求,长度满足设计的初期支护拆除分段要求。
2. 模板支架须满足专项施工方案要求。
3. 台车、模架须设置可靠的操作平台,并满足人员疏散要求。</td><td></td></tr>
<tr><td></td></tr>
<tr><td>21</td><td>钢筋/防水台架</td><td>暗挖防水铺设、钢筋绑扎施工台架:
1. 作业平台必须设置护栏,护栏尺寸满足规范要求,连接牢固,确保人员安全。
2. 作业平台满铺脚手板,脚手板应可靠嵌固,上方配备灭火器。
3. 台架斜撑的布设需充分考虑下方人员、车辆通行需求。
4. 台架应设置作业人员上下的爬梯并有可靠防护。
5. 台架上方悬挂安全标示标牌及限高警示牌。</td><td></td></tr>
</table>

第九章 盾构工程

序号	名称	相关要求	实例图/示意图
1	盾构井布置	1. 盾构施工场地布置应统筹考虑,协调合理,绿色施工。主要包括:垂直运输系统、拌浆系统、临时水电系统、冷却系统、排水系统、消防系统、弃土坑、管片堆场及其他设施等。 2. 始发井现场布置需考虑以下功能区:箱变、配电柜、管片堆放区、渣土坑、搅拌站、冷却水系统、充电房、材料堆放区(含水管、轨道、轨枕、油脂、泡沫、膨润土等堆放区)。 3. 接收井现场布置需考虑以下功能区:吊车支立区、盾体翻转区、平板车停放区、盾体和配套台车摆放区。	 
2	门式起重机	1. 总包单位提供特种设备制造许可证、产品合格证、制造监督检验证明。 2. 主要构件进场经检验合格后方可进行组装,经过特种设备检测机构检测合格并报监理验收通过后,方可使用。 3. 司机、司索工、信号工应持证上岗,并将证件复印件(二维码)张贴在醒目位置。 4. 操作室张贴门式起重机安全操作规程,并严格执行,填写运行记录。 5. 根据现场情况设置基础("倒T"形或矩形),如基础设在冠梁上须经设计单位验算。 6. 轨行区应和施工人员通道做有效隔离。 7. 起重机设置防攀爬措施。 8. 维保人员做好定期检查、保养工作,并填写检查、维保记录。	
3	盾构吊装	1. 吊装必须有专项方案,专项方案的论证、审批必须符合规定,吊装机械必须报验合格。 2. 盾构机吊装作业前必须经由专业吊装人员对配重、钢丝绳、吊钩等部位进行仔细检查确认,合格后方可进行吊装作业。 3. 吊耳必须进行探伤检测。	

续上表

序号	名称	相关要求	实例图/示意图
4	砂浆搅拌站	1. 主要由搅拌电机/砂浆泵电机、减速装置、搅拌装置等组成。 2. 注意浆液的搅拌情况，定期清理箱体内挂壁的凝固浆液。 3. 维保人员做好电路系统的检查维护。 4. 搅拌机组及砂料仓必须封闭处理。 5. 操作间张贴膨润土拌和站安全操作规程。 6. 鼓励使用预拌盾构注浆料。	
5	膨润土拌和站	1. 选择合理位置设置膨润土拌和站。 2. 合理布置水、气及浆液的输送管路。 3. 对膨润土拌和站进行封闭防尘处理，做好拌和过程中的防尘、降尘措施。 4. 操作间张贴膨润土拌和站安全操作规程。 5. 定期进行检查、维保工作并填写维保记录。	
6	预拌盾构注浆料筒仓	1. 做好预拌盾构注浆料筒仓地基加固处理。 2. 保证水电供应，尤其是冬季做好水管的保温处理。 3. 及时对预拌同步注浆浆液性能进行检测，根据不同地层及时对浆液配比进行调整。	

序号	名称	相关要求	实例图/示意图
7	管片要求	1. 管片标准块、邻接块、封顶块分块标识刻在模具中心位置上，管片浇筑成型后，在管片内弧面上形成管片拼装永久性的标记。 2. 进场管片应提供产品合格证，检查管片外观及防水材料安装质量，发现问题及时修复。 3. 当管片表面出现缺棱掉角、混凝土剥落、大于 0.2 mm 宽的裂缝时，必须进行修补；严重缺陷退场处理。 4. 管片标识内容：管片型号、生产日期、合格状态。 5. 管片储存场地应坚实平整，管片堆放不得超过三层，每层间采用方木支垫，上下对应，接地采用方木或托架支垫，且须满足承载力要求。 6. 相邻管片间保证足够的间距，避免管片碰撞损坏。	
8	洞门密封装置	1. 洞门密封装置严格按照设计图纸进行加工与安装。 2. 橡胶帘布、洞门压板等密封装置须安装牢固、密闭。	
9	电瓶牵引车	1. 总包单位提供出厂合格证。 2. 司机应持证上岗（培训合格证），并将证件复印件（二维码）张贴在驾驶室醒目位置。 3. 操作室张贴电瓶车安全操作规程，并严格执行，填写运行记录。 4. 在地面单独设置充电间。 5. 维保人员做好定期检查、保养工作，并填写检查、维保记录。	
10	电瓶充电	1. 单独设置充电房。 2. 电瓶应置于冷却池中，冷却池可采用钢板焊接或砌筑的方式，按照电瓶冷却所需尺寸加工。 3. 充电机应设置防护栏及遮挡棚。 4. 充电房张贴电瓶充电安全操作规程。 5. 有专人负责看护电瓶的充电，及时添加补充液。 6. 充电间必须配置灭火器材。	

续上表

序号	名称	相关要求	实例图/示意图
11	渣土车	1. 掘进工班做好土斗的清理，保证出土计量的准确性。 2. 定期检查气缸刹车的可靠性。 3. 维保人员做好车轮轴承的润滑。	
12	砂浆罐车	1. 箱体、减速装置上应加工罩板防止掉落的渣土，做好插头和电机的防水工作。 2. 注意浆液的搅拌情况，及时清理箱体内挂壁的凝固浆液。 3. 维保人员做好电路系统的检查维护及车轮轴承的润滑。	
13	管片车	1. 设置防止管片滑移及倾覆装置。 2. 维保人员做好车轮轴承的润滑。	
14	叉车	1. 尾气排放必须符合国家及北京市环保要求。 2. 司机必须持证上岗，并将证件复印件（二维码）张贴在驾驶室醒目位置。 3. 驾驶室张贴叉车安全操作规程。 4. 维保人员做好定期检查、保养工作，并填写维保记录。	

续上表

序号	名称	相关要求	实例图/示意图
15	轴流式风机	1. 根据隧道埋深、长度情况,选用适合的规格。 2. 定期检查风机的送风能力,以满足隧道内防尘、降温及人员所需要新鲜空气的要求(每人不少于 3 m^3/h)。	
16	二次注浆泵	1. 配备搅拌罐,用于注浆液的拌和。 2. 配备足量的注浆头。 3. 注浆压力表的量程要与注浆压力匹配。 4. 配置清洗水桶,注浆完毕后及时进行注浆管路的清洗。	
17	始发托架	1. 始发托架安装前须有承载力计算书并满足承载力要求。 2. 始发托架定位好后须固定牢固。	
18	反力架	1. 反力架安装前须有受力计算书并满足受力要求。 2. 各处支撑可根据预埋件位置及反力要求合理布置。 3. 应预先按照尺寸做好预埋件的安装,反力架定位好后须固定牢固。 4. 盾构始发过程中应安排专人对反力架变形情况进行监控。	

续上表

序号	名称	相关要求	实例图/示意图
19	轨道及道岔	1. 轨道配置相应的扣件、螺栓及垫片。 2. 钢轨铺设前应对钢轨的端面、直线度和扭曲进行检查,合格后方可铺设,保证铺设平顺、牢固。 3. 轨道铺设在安装于管片上的相应轨枕上。 4. 根据施工需要合理布置道岔。	
20	洞内管线布置	1. 洞内合理布设风管、水管、膨润土管、注浆管、通信光缆、高压电缆、照明电缆等各类管线。 2. 高压电缆宜布设在人行走道板对侧。 3. 各类管线须做好标识。	
21	走道板	1. 走道板有足够的强度、刚度,安装平直牢固。 2. 走道板支架安装应固定于管片螺栓上,严禁在管片上直接打孔固定。 3. 走道板须连续设置防护栏杆,防护高度 1.0~1.2 m,设置两道横杆,立杆间距不大于 2 m。 4. 隧道进出口处设置上下扶梯,确保人员安全。	

续上表

<table>
<tr><th>序号</th><th>名称</th><th>相　关　要　求</th><th>实例图/示意图</th></tr>
<tr><td>22</td><td>联络通道临时支撑</td><td>1. 临时支撑符合设计和方案要求,便于拆装和重复利用。
2. 在支撑与管片间设置 10 mm 橡胶垫。</td><td></td></tr>
<tr><td>23</td><td>手机监控</td><td>通过手机安装盾构监控软件、视频监控软件,可随时掌握施工现场进度及施工情况,建立本标段质量隐患整改 QQ 群,实施信息化管理。</td><td>
</td></tr>
</table>

续上表

序号	名称	相关要求	实例图/示意图
24	盾构隧道安全标识	1. 在工作场所机械传动部位、电气设备、扶梯、护栏等处设置安全标识提醒人们注意安全。 2. 安全标识应设置在易于看见的位置，确保不被其他物体遮挡。 3. 要求清楚醒目，在工作场所使用，必须保证所有人员可以正确识别。 4. 安全标识牌的位置不得随意挪动。 5. 进洞口两侧分别每隔两环布置节能射灯，走道板护栏设置 LED 灯带。	 

第十章 降水文明施工标准化

序号	名称		相 关 要 求	实例图/示意图
1	占道掘路申请	交通导改	具体参见交通导改文明施工标准化	具体参见交通导改文明施工标准化
		占道施工申报材料	根据市交通委路政局要求，掘路施工申报材料及相关要求应包括以下内容： 1. 符合占用、挖掘城市道路管理计划。 2. 掘路施工申请书。 3. 建设单位授权委托书。 4. 建设工程规划许可证(包括附件)及规划批准图纸。 5. 建筑工程施工许可证。 6. 施工地域图(地图局部复印，标明具体掘路位置)。 7. 施工平面图(分段施工注明各段挖掘尺寸、工期及围挡尺寸)。 8. 施工平面图说明表。 9. 掘路回填剖面图(沥青路面留 69 cm，方砖路面留 37 cm 道路结构修复并注明道路结构修复单位和挖掘回填单位)。 10. 掘路回填剖面图说明表。 11.《北京市掘路核准申请表》及填表说明(加盖建设单位公章)。 12.《北京市临时设施占道核准申请表》及填表说明(加盖建设单位公章)。 13. 工程施工组织方案[包括交通导行方案(含交通导行图)、夜间施工方案、挖掘回填专项方案(编制依据《北京市城市道路挖掘回填技术规程》)、地下设施保护方案、应急预案等](加盖施工单位公章)。 14. 掘路修复设计方案(注明有几个井位)及图纸、井位修复图(加盖施工单位公章)。 15. 承诺书(加盖建设单位公章)。 16. 附件一：防汛职责(加盖建设单位和施工单位公章)。 17. 附件二：冬季施工质量保障职责(加盖建设单位和施工单位公章)。	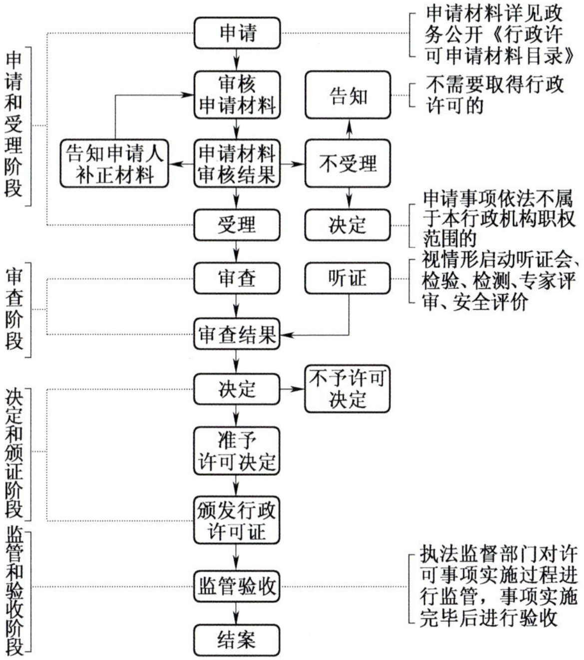

续上表

序号	名称		相关要求	实例图/示意图
2	搭设临时围挡及设置警示标志	搭设临时围挡	1. 降水井成井占道施工，须搭设临时施工围挡，单段围挡长度不宜超过 50 m，宽度宜为 3.5～4 m，围挡高度不应低于 2 m。 2. 围挡应采用四面封闭，交通导向方案应经过市交通管理局及相关单位的审核与批准。围挡的头尾位置应设置交通协管岗，岗位宜实行 24 小时值岗。 3. 围挡架设应采用脚手架稳固，搭设架子前应进行保养，除锈并统一涂色，颜色力求环境美观。使用轨道公司或者中标企业统一颜色的围挡片，搭设标准为工具式围挡。	
		占道施工警示标识	1. 占道施工围挡的邻道路通行一侧应设置红白相间反光条和夜间红光串灯等醒目标识，每 50 m 间隔设置一处转盘警示灯，距离围挡头尾 7 m 位置内各设置一座交通指示箭头灯。每日 18：00～次日 6：00，须保证警示标示和设施正常工作。 2. 在距离围挡前方 100 m 处应设置预警外照式施工警示牌，前方 7.0 m 处设置施工警示牌。围挡的头尾部，应设置防撞消能设施和导行过渡锥形桶，防撞桶后应设置防撞护栏。 3. 施工现场须按照国家标准设置各交通设施及 LED 导向箭头灯、大回转灯、梅花灯、锥桶、频闪灯等标示标牌，并设置交通维护人员维护交通。 4. 相关要求，参照《道路作业交通安全标志》、《占道作业交通安全设施设置技术要求》（DB11/854—2012）。	 

序号	名称		相关要求	实例图/示意图
3	井位实施确认	测放井位及物探	1. 根据降水设计方案的井位图、地下管线分布图、路面围障碍和结构边线控制井位。 2. 定位后应采用物探仪对定点位置进行初步物探。	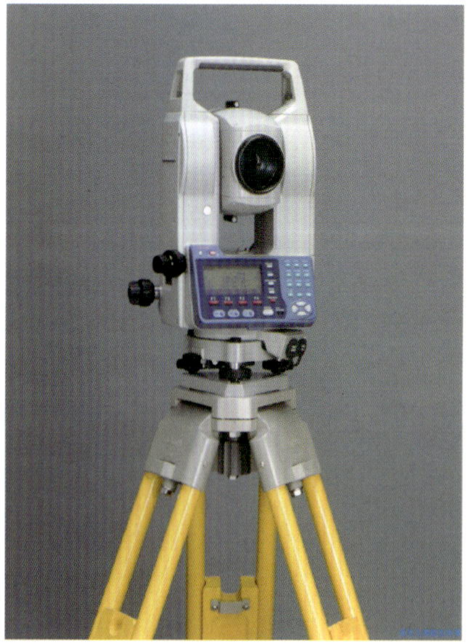
		人工挖探	1. 机械钻孔前，须进行人工挖探。 2. 人工挖探探孔采用混凝土护壁，每 1 m 设置一节护壁模具，浇筑厚度不小于 100 mm，应挖至原状土。 3. 人工挖探安全配备器具应包括：五点式安全带、安全绳、四合一气体检测器、鼓风机、软梯等。探井周边应设置醒目警示标识、防护栏杆及覆盖板，覆盖板使用硬质材质加警示标识。	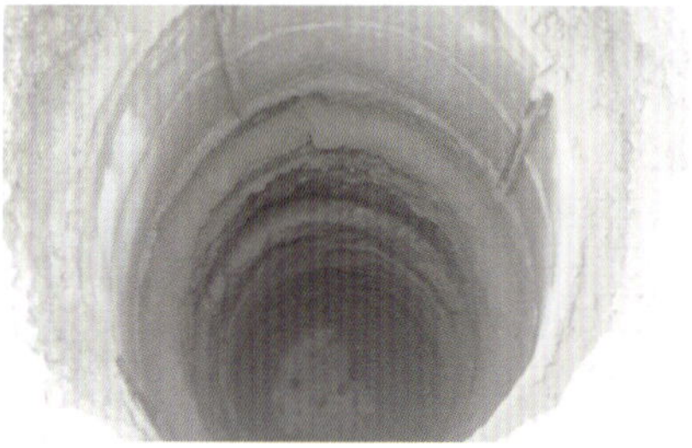 

续上表

序号	名称		相关要求	实例图/示意图
4	成井施工	泥浆池设置	1. 宜采用钢制泥浆箱,并应悬挂“当心坠落”等警示标识;采用砌筑泥浆池时,应设置红白相间围栏围护。 2. 泥浆池的容量应能满足单井排浆量的4倍以上,泥浆不外溢不漏浆,及时清运泥浆。	
		钻机成孔	钻机选型应满足环保要求,机械性能满足要求,钻机外观崭新,性能试行合格。钻机在围挡内作业,宜加盖帐布,作业时设置警戒线。钻机外悬挂机械操作规程及“当心碰撞”等其他安全标识。钻机周边配置灭火器等消防器材。	
		井室砌筑	砌筑井室应采用240 mm厚墙体,深度不应小于1.5 m。路基路面上宜切成方形或圆形形状,周圈使用混凝土恢复路基路面。井室内壁应采用水泥砂浆抹面,底部使用素混凝土回填捣实,回填厚度不小于100 mm,防止井室沉降。井室上圈盖铸铁井盖,井盖外径不小于0.8 m。	
5	排水系统布设	排水管沟成槽	1. 根据降水设计图纸的位置进行测量放线,用雷达探测仪探测挖沟范围内有无地下管线,若有地下管线应及时进行调整。 2. 上路作业时,需设置围挡;路基路面破除整齐,沟绑切削竖直;周边防止堆土,及时清运渣土。 3. 管沟底部的开挖宽度应考虑除管道结构宽度外的增加工作面宽。	

序号	名称		相 关 要 求	实例图/示意图
5	排水系统布设	管线铺设	1. 地下水采用由单井支管接入主管路。 2. 主排水管焊接：排水管焊接应分段进行，并确保焊口完整严实，拐弯处平滑。 3. 主排水管敷设：排水管下沟前应先检查沟底标高、坡度是否符合排水要求，下管时可采用人工压绳法或机械方法。管道在沟内焊接时应在焊接处挖一个操作坑，以便于焊接操作。 4. 排水支管连接：管井采用塑料排水管，安装单向排水阀后接入排水主管路。 5. 降水井管线（水管、电线管）埋深不小于 800 mm，道路上管线开挖宽度不小于 1 m（路政要求），场区内管线预埋宽度可根据管线的数量确定。 6. 降水井管线回填应采用细土填实，厚度不小于 200 mm。	 
		沉淀池砌筑	1. 地下水须经沉淀池排入雨水市政管路。 2. 在排水出口处设置三级沉淀池，沉淀池采用砌砖，内壁须做防水处理。沉淀池外做好安全防护标识。	 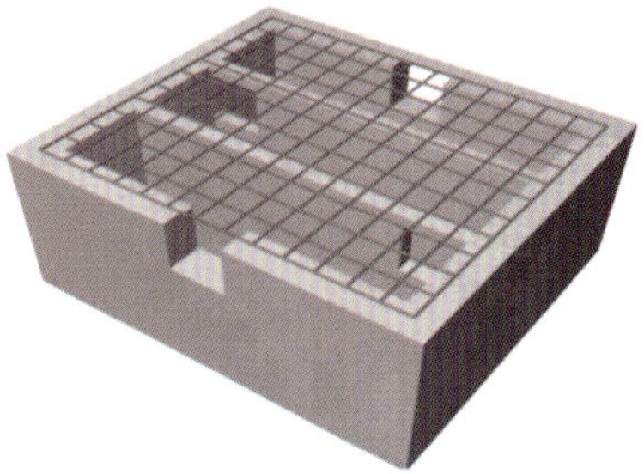

续上表

序号	名称		相关要求	实例图/示意图
6	配电系统布设	电缆埋设	抽水井的供电电缆,在排水管沟回填土之前置于排水管一侧,与排水管合槽敷设。电缆铺设及配电安装如图所示。 1. 各降水井的电缆铺设要求穿管加以保护并排列整齐。电缆应留有适量的长度,但不能将太多剩余电缆盘绞在沟槽内或井室内。 2. 电缆敷设必须穿管加以保护,保护钢管内径大于管内全部电缆外径之和的1.5~2倍以上为宜。	
		配电箱设置	1. 配电设施须做好防雨、防砸等防护工作,设置护栏防护(施工场地外的配电设施须在护栏内安装冲孔钢板网)。在护栏不同方向悬挂警示标识,其放置地点要安全、平整,周围无杂物堆放,配电箱要上锁,配置灭火器材。 2. 配电系统设有三级保护装置。电力开关柜中设有过流、短路、过热保护的自动开关。动力配电箱中设有过流、漏电保护的自动开关。所用电缆设计为三相五线制双"零"线。用电器具作好接"零"保护。 3. 为保证降水工程连续运行,需备足25%用电设备备件,以便及时换修用电设备。	
7	后期修复	管井后期修复	降水施工结束后,需对所有降水井及排水管沟进行回填修复,拆除井墙,保证井室与路面、井身与周围地层的整体性和稳定性,确保路面不沉陷,修复后路基标准要与原有道路路基标准一致。	 

第十一章 设备安装及装饰装修标准化施工

<table>
<tr><th>序号</th><th colspan="2">名称</th><th>相关要求</th><th>实例图/示意图</th></tr>
<tr><td rowspan="2">1</td><td rowspan="2">进场阶段安全文明措施</td><td>签署安全生产协议</td><td>1. 进入车站施工前，安装单位与土建施工单位办理场地移交手续，明确移交范围，签订安全协议书，划清责任区域，明确双方责任、义务、管理范围及权限，并做好移交区的隔离措施以保证交叉作业的人员安全。
2. 各设备专业进场施工前，由机电甲代组织所有设备专业单位召开现场会，明确各方现场负责人及联系方式，建立对接机制，与机电专业单位签订安全协议书，并办理入场施工许可。
3. 所有进入车站施工的各设备专业单位，除按规范规程做好自身安全管理的同时，还必须服从施工总协调施工单位的统一协调管理。</td><td>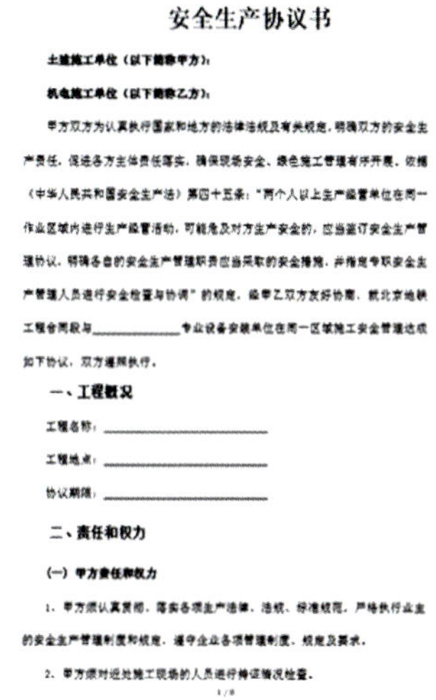
安全生产协议书
土建施工单位（以下简称甲方）：
机电施工单位（以下简称乙方）：
甲方双方为认真执行国家和地方的法律法规及有关规定，明确双方的安全生产责任，促进各方主体责任落实，确保现场安全、绿色施工管理有序开展，依据《中华人民共和国安全生产法》第四十五条："两个以上生产经营单位在同一作业区域内进行生产经营活动，可能危及对方生产安全的，应当签订安全生产管理协议，明确各自的安全生产管理职责应当采取的安全措施，并指定专职安全生产管理人员进行安全检查与协调"的规定，经甲乙双方友好协商，就北京地铁工程合同段与______专业设备安装单位在同一区域施工安全管理达成如下协议，双方遵照执行。
一、工程概况
工程名称：______
工程地点：______
协议期限：______
二、责任和权力
（一）甲方责任和权力
1、甲方须认真贯彻、落实各项生产法律、法规、标准规范，严格执行业主的安全生产管理制度和规定，遵守企业各项管理制度、规定及要求。
2、甲方须对进处施工现场的人员进行持证情况检查。
1/8</td></tr>
<tr><td>场地移交</td><td>1. 机电单位进场后，能明显界定的场地，须与土建施工单位办理场地移交手续。未进行场地移交的，不得进入车站内施工。不能明显界定的场地，应分阶段明确负责单位。
2. 场地移交手续中应划定作业责任区域，包括位置、大小、范围等。责任区域应采用硬质围挡进行封闭。
3. 场地移交后，接收单位对责任区域内安全文明施工管理负全责。
4. 在公共区域内施工，各施工单位负责本单位作业行为、安全设备设施及文明施工管理工作。</td><td>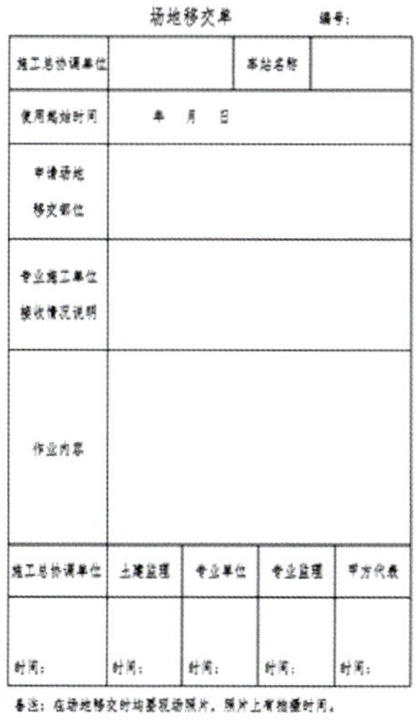
场地移交单 编号：
施工总协调单位 | | 车站名称 |
使用起始时间 | 年 月 日
申请场地移交部位 |
专业施工单位接收情况说明 |
作业内容 |
施工总协调单位 | 土建监理 | 专业单位 | 专业监理 | 甲方代表
时间： | 时间： | 时间： | 时间： | 时间：
备注：在场地移交时均要现场照片，照片上有拍摄时间。</td></tr>
</table>

名称			相关要求	实例图/示意图
1	进场阶段安全文明措施	开工核查	1. 进场前，各专业单位按照业主单位相关要求，在监理单位的监督下，做好开工条件核查工作。 2. 各专业单位应对进入施工现场的作业人员按规定进行安全教育、考试、交底，合格后方可进入施工现场作业。 3. 进入施工现场的作业人员要穿戴印有本单位名称的安全帽、工作服或反光背心，并佩戴胸牌。胸牌上要有单位名称、人员姓名、年龄、性别、专业及照片等基本信息，胸牌要加盖公章并进行塑封。不按要求穿戴的作业人员不得进入施工现场。 4. 施工现场所有人员进出口（含轨排基地）均要安装摄像头，谁的责任区谁负责安装（如：轨排井由铺轨单位负责安装、管理），并全面负责人员进出的检查工作。 5. 各专业施工期间，相关管理人员必须在施工现场有效管控。	 专业施工单位进场施工许可单 专业施工单位 | 专业监理单位 | 项目管理中心设备安装部 施工总协调单位 | 土建监理单位 | 项目管理中心工程部
2	吊装作业		1. 吊装主体单位（以吊装物的归属定义主体单位）要编制专项吊装方案，超过一定规模的吊装方案需经过论证，并报监理单位审批，审批通过后方可进行吊装作业。 2. 吊装主体单位对吊装作业安全负全责。 3. 吊装设备在进场使用前，使用单位必须进行全面检查，检查合格后报相应监理单位进行验收。任何单位吊装都必须履行规定的程序。 4. 吊装司机和信号工必须经过安全培训，并持证上岗。无证人员不得从事现场吊装作业。吊装主体单位在吊装前，必须对吊装作业的司机、信号工、辅助人员进行安全交底。专职安全员就位后方可进行吊装作业。 5. 材料和机电设备在吊装前，须报监理单位进行验收。验收合格后，方可起吊。未经验收的，不得进行吊装作业。 6. 吊装作业区内严禁立体交叉作业。	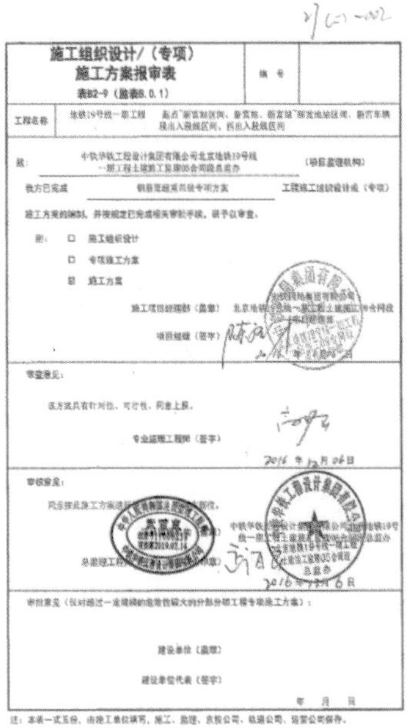 施工组织设计/（专项）施工方案报审表 表B2-9（施表B.0.1）

续上表

序号	名称	相关要求	实例图/示意图
3	临边临口孔洞防护管理	1. 场地移交前,车站内所有孔洞、临边、临口均由土建施工单位负责防护到位,任何单位不得擅自拆除。 2. 若有其他单位确因施工原因需要拆除的,须报请土建施工单位办理交接并做好记录,明确防护责任并得到同意后方可拆除。施工完毕后,由使用单位按要求恢复孔洞的防护,并报请土建施工单位进行验收。 3. 场地移交后,各专业责任区域内的孔洞防护设施,须各专业单位自行维护。 4. 防护设施应现场定测,材质为钢制,采取工厂统一预制方式,颜色为红白相间,可带企业 LOGO 标识。	   

续上表

序号	名称	相 关 要 求	实例图/示意图
4	消防管理	1. 土建施工单位负责将消火栓引入车站，确保有水、带压。负责设置逃生通道、疏散指示标牌及应急照明，并负责维护，确保有效。 2. 机电单位施工时，负责配备属地管理范围内的消防设施，应配备相应的符合消防要求的消防设备、设施及消防线路图。 3. 机电单位在和各专业单位进行房间移交后，由各专业负责配备本专业责任区域内、库房周边等场所的消防设施，且需足额、有效，喷涂本单位名称。 4. 消防器材架、消防砂池采用角钢和镀锌薄钢板制作，刷红色面漆，角钢刷红丹防锈底漆。 5. 重点防火部位灭火器配备不少于4具。 6. 动火操作人员应持证上岗，动火作业应办理动火许可证。 7. 动火作业前，应对作业现场的可燃物进行清理，裸露的可燃材料上严禁直接进行动火作业。对于作业现场及其附近无法移走的可燃物，应采用不燃材料对其覆盖或隔离。 8. 动火作业时，应配备灭火器材，并设动火监护人进行现场监护，每个动火作业点均应设置一个监护人。 9. 动火作业完成后，动火监护人应排查动火作业点，确保无隐患后方可撤离。	  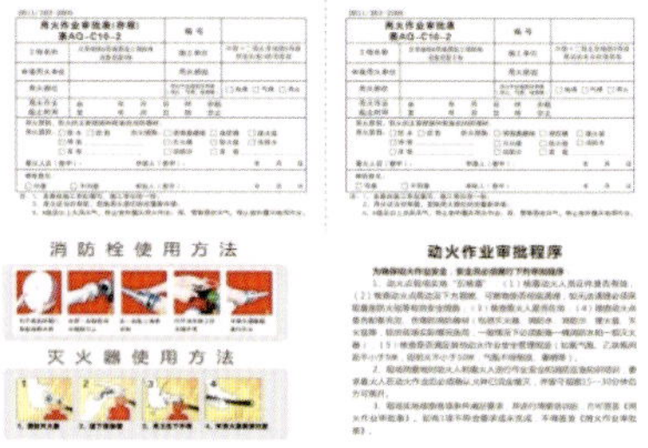

续上表

序号	名称	相关要求	实例图/示意图
5	临时用电管理	1. 土建施工单位负责提供电源接口，与机电安装单位签订临时用电安全协议，划分管理范围，明确各方责任。 2. 机电安装单位单独编制临时用电施工方案，报监理单位审批。 3. 机电安装单位要统一规划、合理安排各设备单位用电接入。 4. 土建施工单位及机电安装各单位负责各自配电系统的维保。 5. 各级配电箱箱体上要喷涂本单位名称和电气负责人姓名及电话，并标识配电箱用途。 6. 配电系统要符合《施工现场临时用电安全技术规范》（JGJ 46—2005）的各项要求。	  

续上表

序号	名称	相关要求	实例图/示意图
6	临时照明管理	1. 车站公共区域(除机电安装单位施工二次结构外)临时照明由土建施工单位统一负责安装和维护管理。 2. 区间临时照明由土建单位负责安装,场地移交后,由接收单位负责维护管理。 3. 各专业责任区域内的照明由各专业单位负责安装、维护管理。 4. 设备区走廊照明由机电专业提供,采用 36 V 低压 LED 灯带,灯带绝缘、防水性能好,使用安全,整体照度满足施工要求。 5. 所有照明线路、灯具必须符合安全用电要求。	
7	防汛管理	1. 机电安装单位与土建施工单位办理场地接收手续后,负责管理范围内的日常防洪、防汛检查、管理工作。 2. 机电安装单位按要求编制防汛专项应急预案,报监理单位审批。 3. 机电安装单位按照应急预案内的应急物资配置情况,在现场配备足额数量防汛应急物资,并设专人进行日常管理、检查,保证能正常使用。 4. 现场存放点张贴应急物资存放情况,汛期领导值班表,应急物资存放点标识。 5. 建立出入库台账,定期检查库存物资数量、质量。	
8	样板引入	车站二次结构、机电安装、装饰装修施工前,按照“样板引入,样板先行”的原则,布置样板间或样板段。	
9	成品保护管理	1. 各单位负责本单位的成品保护。 2. 污染、损坏其他专业成品或半成品的,应由损坏单位负责维修,恢复原貌,并由成品的所属单位进行验收。 3. 机电安装单位做好接收、使用场地内预制基础以及楼梯等成品保护工作,保护采用橡胶材质,坚固耐用。	

续上表

序号	名称	相关要求	实例图/示意图
10	检查管理	1. 各专业施工、监理单位均要组织现场安全文明施工检查,发现隐患立即整改。 2. 机电单位作为设备总协调单位要做好对各专业单位日常检查工作,监督各专业单位做好现场安全文明施工工作。 3. 对于不服从施工总协调单位对安全生产、文明施工等管理的专业单位,视情节轻重上报业主主管部门,采取通报、罚款等方式进行处罚。	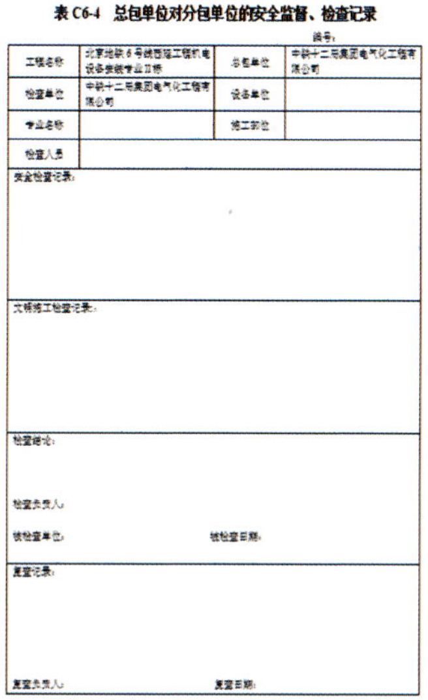 表 C6-4 总包单位对分包单位的安全监督、检查记录 编号: 工程名称:北京地铁6号线西延工程机电设备安装专业II标 总包单位:中铁十二局集团电气化工程有限公司 检查单位:中铁十二局集团电气化工程有限公司 设备单位: 专业名称: 施工部位: 检查人员: 安全检查记录: 文明施工检查记录: 检查结论: 检查负责人: 被检查单位: 被检查日期: 复查记录: 复查负责人: 复查日期:
11	危险源公示及管控	1. 机电安装单位要建立现场重大危险源公示制度,在现场明显位置悬挂重大危险源公示牌。 2. 各专业单位组织对本单位工人进行危险源安全教育及安全技术交底。 3. 在现场明显位置设置现场安全管控卡,明确现场风险类型及控制措施。 4. 加强对重大危险源的日常检查工作。	 

续上表

序号	名称	相关要求	实例图/示意图
12	通风风管	1. 安装完的风管要保证表面光滑清洁，保温风管外表面整洁无杂物。室外风管应有防雨、防雪措施。特别要防止二次污染现象，必要时应采取保护措施。 2. 暂时停止施工的风管系统，应将风管敞口封闭，防止杂物进入。 3. 严禁把已安装完的风管作为支吊架或当作跳板，不允许其他支、吊架焊或挂在风管法兰和风管支、吊架上。	
13	通风空调设备	1. 通风机、空调机组等设备就位未配风管前，应将通风机、空调机组等设备接口做用铝箔布或挡板封口，防止环境中的灰尘污染风管内部。 2. 不得将通风机、空调机组等设备及其配管做脚手架。在室内装修时，应对其加以覆盖，防止污染机体及管道。 3. 设备安装完成后，如需在设备四周进行其他施工作业，应对设备进行全方位保护，防止作业时损坏设备。	
14	空调制冷系统	1. 吊装重物不得利用已安装好的管道作为吊点，也不得在管道上搭设脚手架踩蹬。 2. 对安装用管洞修补工作，必须在面层粉饰前全部完成。 3. 粉饰工程期间，必要时应设专人监护已安装完的管道、阀门部件、仪表等，防止碰坏成品。	
15	空调水系统	1. 保温后的水箱不得人踩或堆放承重物品，防止保温层脱落。 2. 安装好的管道不得用来支撑、系安全绳、搁脚手板，也禁止蹬踩。	

续上表

序号	名称	相　关　要　求	实例图/示意图
16	防腐与绝热	1. 如有特殊情况拆下绝热层进行管道处理或其他工种在施工过程中损坏保温层时，应及时按设计要求进行修复。 2. 在漆膜干燥前，应防止灰尘、杂物污染漆膜。应采取有效措施对涂漆后的构件进行保护，防止漆膜破坏。	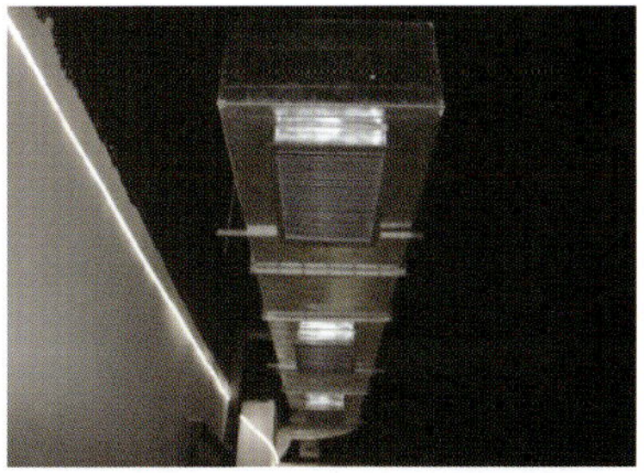
17	室内给水	1. 阀门的手轮在安装时应卸下，确保交工前统一安装完好。 2. 水表应有保护措施，为防止损坏，在统一交工前装好。 3. 安装好的管道及设备，在抹灰、喷漆前应作好防护处理，以免被污染。	
18	室内排水	1. 管道安装完成后，应将所有管口封闭严密，防止杂物进入，造成管道堵塞。预留管口的临时封堵不得随意打开，以防掉进杂物造成管道堵塞。 2. 不允许明火烘烤塑料管，以防止管道变形。 3. 油漆粉刷前应将管道用纸包裹，以免污染管道。	
19	室外给水	1. 冬期施工水压试验应有保护措施，试压完毕后应排尽水，以免管道冻裂。 2. 消火栓、消防水泵接合器等安装完毕交工前施工现场应有保护措施。	

续上表

序号	名称	相 关 要 求	实例图/示意图
20	室外排水	1. 抹带后,用湿土将其表面包好,严禁踩压或碰撞。如果不及时还土,可用湿草袋覆盖并洒水养护至还土时止。 2. 在昼夜温差大的地区或季节,管子可能受到较大的热应力产生裂缝。因此,除接口暂时外露养护外,要尽快回填土,以便遮住管身。	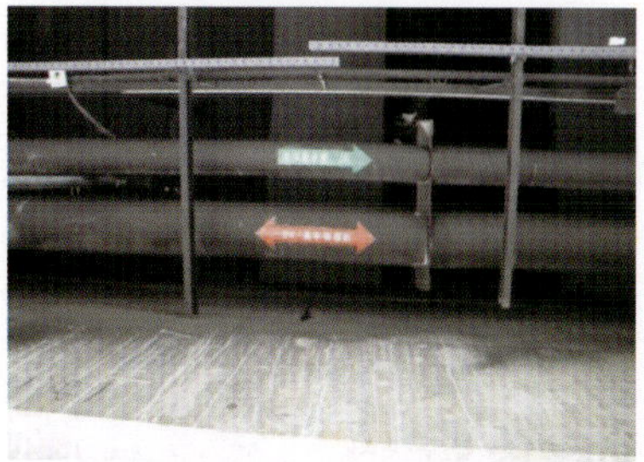
21	消防工程	1. 消防管道施工完毕的保护表面要清理干净。禁止物品、管道等重物压在上面或碰撞,更不可上人踩,以免影响效果。 2. 信号阀、水流指示器、报警设备、消防泵、自动报警阀、按钮等报警设备及喷淋头应在装修完成后安装,安装时要保护好已装修好的墙面、顶面。安装好后,对消防设备要加以保护,以防丢失、损坏。	
22	配电柜	1. 安装后,应采取三防布进行整体包覆,满足设备防尘、防火、防水的需要。 2. 安装、调试、运行阶段应门窗封闭,专人值守,避免闲杂人等进入。 3. 送检、更换电器、仪表、零件时应经许可,并记录备案。 4. 临时送电、断电要按程序由专人执行,防止误操作。	
23	电缆防护	1. 电缆及附件如不能及时安装,应集中分类存放,盘上应注明型号、规格、电压及长度。电缆盘之间应有通道,地基应坚实,易于排水。橡胶套电缆应有防日晒措施。 2. 电缆及附件与绝缘材料在储存过程中,防潮包装应密封良好,并置于干燥的空间内。 3. 电缆中间接头制作完成后,应立即安装固定,送电运行。暂时不能送电或有其他作业时,对电缆头加木箱给予保护,防止砸碰。	

续上表

序号	名称	相关要求	实例图/示意图
24	桥架防护	1. 桥架转运过程中,应轻拿轻放,以免造成桥架碰坏。 2. 桥架安装过程中,严禁对桥架进行敲击,以免桥架表面损伤或变形。 3. 严禁将安装完成的桥架及其支吊架作为其他用途的支撑件、受力件。	
25	线管防护	1. 预埋线管浇筑混凝土时,应安排专人看守,以免振捣时损坏配管及盒、箱,或造成移位。如发生管路损坏,应及时修复。 2. 照明器具应在装修喷浆后进行安装,如安装后再喷浆,应将电气设备及器具保护好。 3. 其他专业进行施工时,应注意不得碰坏电气配管。严禁私自改动电线管路。	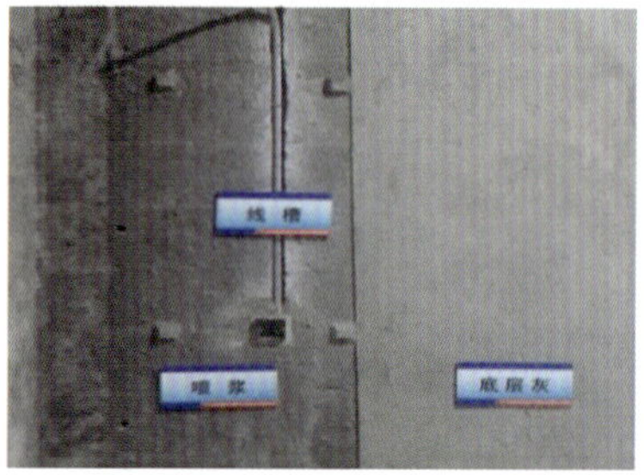
26	线盒保护	1. 插座盒暗埋时,将管口封堵,防止管内进入杂物。 2. 暗敷设钢管经过水泥砂浆抹平后,暗敷接线盒盒口用成品保护牌封堵。	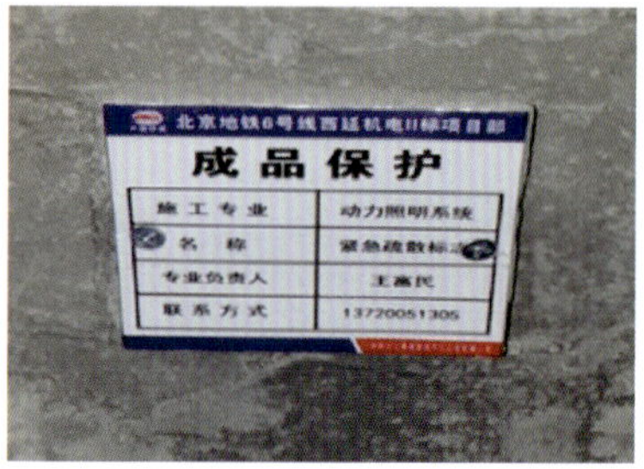
27	灯具保护	1. 灯具堆放场所内,不得堆放其他材料,以避免相互碰撞造成灯具损坏。 2. 灯具安装过程中,不得进行抛掷,以免灯具损坏。 3. 灯具安装完毕后,可用原包装塑料袋罩盖灯具以防尘。室内有条件时应关好门上好锁,以防损坏或丢失。	

第十二章　轨 道 工 程

序号	名称		相　关　要　求	实例图/示意图
1	铺轨基地建设	铺轨基地建设	1. 铺轨基地规划要求布局合理、功能齐备、结构安全、经济适用。 2. 消防安全通道净宽度和净空高度均不应小于 4.0 m。 3. 各功能划分区域进行模块化管理。 4. 硬质围挡全封闭,高度不小于 2.5 m,铺轨基地地面采用混凝土硬化,主要道路硬化厚度不小于 200 mm。	
		轨排井防护	1. 轨排井护栏采用钢护栏。 2. 砖混结构基础厚度不小于 240 mm,高度不低于 500 mm,涂刷警示油漆。 3. 护栏安全可靠。涂刷警示油漆。 4. 安全标志标识齐全。	
		龙门吊走行线	1. 龙门吊走行线基础采用钢筋混凝土结构,走行线钢轨采用 50 kg/m,扣板与基础用 M16 膨胀螺栓连接,或提前预埋。 2. 走行轨两端必须设置红色车档,走行轨区域采用钢围栏隔离。 3. 钢轨设置环形接地。 4. 非工作期间做好防溜措施。	
		轨排组装区域	1. 轨排拼装区域平整。 2. 轨排存放层数不超过 4 层,每层之间用 100 mm×100 mm 方木支垫,垫木间距不大于 5 m。 3. 存放区域设有标识牌。	

续上表

序号	名称		相 关 要 求	实例图/示意图
1	铺轨基地建设	材料工机具堆码	1. 根据生产区大小合理规划工机具以及材料存放区域。 2. 材料堆码整齐、稳固,不超过规定堆码层数,标识清楚。 3. 工机具及时清理码放。 4. 钢轨支垫均匀稳固,垫木上下对齐,间距不大于 5 m,端部悬空不超过 1.5 m,防止变形。	
		临电防护	1. 临时用电采用三级配电,两级漏电保护系统。 2. 重复接地系统与接地测试点做可靠连接。 3. 配电室设置防护栏,涂刷警示油漆,悬挂安全标识牌。	
		应急物资	1. 应急物资库分类码放,标注物资名称及数量。 2. 安排专人负责并建立出入库手续及台账,定期检查,确保应急物资数量满足应急抢险需求。	
		消防设施	1. 根据场地消防平面布置图设置现场消防器材。 2. 根据消防水压,可增设管道增压泵。 3. 按规定配备组合式消防柜、消防栓。	

续上表

序号	名称		相关要求	实例图/示意图
1	铺轨基地建设	辅助设施	1. 工地设置休息区(茶水室)。 2. 工地入口处配备安全帽存放处。 3. 配置 PM2.5、风速、气温、噪声等检测仪,根据测量数据调整现场施工。	
2	文明施工措施	起重吊装作业	1. 编制专项方案,吊装时专职安全员需就位。 2. 起重工、司索工、信号工持证上岗,信号工佩戴袖标并配备相应的指挥通信工具。 3. 吊装作业时须设置安全警戒区,警戒区域内严禁站人。 4. 吊具设置固定存放点,吊装完成后进行悬挂。 5. 下料口附近有醒目的安全警示标识。	
		行车运输	1. 轨道车平板车码放轨排不超过 2 层,轨排运输车辆应用钢丝绳进行捆绑固定。 2. 轨道车推进速度正线不大于 15 km/h,站线及岔区不大于 5 km/h。 3. 平板车端部粘贴黄黑相间的反光色标,安装照明大灯及摄像头与轨道车司机联控。 4. 隧道内调车长采用红、绿、白三色信号灯领车。 5. 动车前严格检查,严禁钻车、跳车、扒车。 6. 轨道车需有企业标志,车身状态良好。	 

续上表

序号	名称		相关要求	实例图/示意图
2	文明施工措施	基底凿毛	1. 在凿毛过程中要严格控制深度和间距保持均匀，凿毛完之后要用水雾喷射机或高压水把基底的浮尘清理干净，在浇筑混凝土之前要保证基底湿润无积水。 2. 施工现场配备洒水降尘措施。 3. 凿毛处理施工人员配备防尘口罩。	
		铺轨小吊走行线	1. 钢支墩上齐 4 个 M12 膨胀螺栓。 2. 曲线走行轨不设超高，左右支墩等高，走行轨比线路钢轨高 20 mm。 3. 走行轨接头处支墩应加密，走行轨扣板应全部上紧，施工过程中派专人检查并紧固。	
		沉淀池浇筑	1. 运送混凝土的轨道列车不得进入前一天浇筑地段。 2. 对钢轨、扣配件分别用彩条布和薄膜袋进行覆盖保护，最上部采用“人”字形木盒子防护，防止道床浇筑时污染钢轨、扣配件。 3. 每日浇筑完后清理料斗并刷防黏结剂。	
		收面养护	1. 木抹子、金属抹子配合使用，分三次收面，严禁在收面时洒水。 2. 收面时要清理轨枕以及模板上的混凝土。 3. 保持土工布湿润，新浇道床混凝土养护不少于 7 天。 4. 加工制收面刮板，控制道床面高度。 5. 采用土工布覆盖洒水养护。	

续上表

序号	名称		相关要求	实例图/示意图
2	文明施工措施	钢轨焊接	1. 作业人员配备防尘口罩、护目镜等专用劳保用品。 2. 配备消防器材、有毒有害气体检测仪。	
		施工防护	1. 进入轨行区施工人员必须佩戴安全帽和黄马夹(有反光条)。 2. 作业两端 100 m(曲线段适当加大)采用红色闪灯防护。 3. 行车线端头设置移动停车信号牌(粘贴反光材料)。	
		成品保护	1. 保护道床及机电设备设施,在道床上搬运东西必须轻拿轻放,严禁从高处向道床上扔东西,严禁以道床面为支撑,在道床面上砸东西。梯形轨枕范围内严禁打眼。 2. 在道床上架设脚手架、梯子等,需要在支腿处支垫。 3. 采用硬质材料防护隔离,或在现场粘贴醒目的保护标识。	
		文明施工管理	1. 信息化数据管理,加强现场管控。 2. 对全过程、全场区进行安全文明施工监督管理。 3. 出入口设置闸机系统。 4. 推荐引进轨道调度指挥系统。	

续上表

序号	名称		相关要求	实例图/示意图
2	文明施工措施	轨行区管理	1. 区间照明采用 36 V 安全电压，潮湿地段为 24 V。 2. 照明灯具需采用 LED 灯，节能环保，改善区间作业环境。 3. 轨行区施工及时清运垃圾，做到“工完、料尽、场地清”。 4. 临时尽头采用钢质护栏进行封堵。	
		调度管理	1. 调度值班室内配置施工形象进度图。 2. 轨行区施工严格登销记制度和调度命令制度。 3. 使用小平车需取得使用许可，小平车粘贴黄黑反光色标并配备制动装置。 4. 区间巡查，协调轨行区安全文明施工。	
3	文化建设措施	企业文化宣传	1. 因地制宜设计制作宣传栏，充分展示企业文化，营造浓厚的绿色文明施工氛围。 2. 宣传栏美观大方，定期维护。	
		班前安全讲话	1. 因地制宜布置安全讲评台背景墙。 2. 讲台离地高 200 mm，平台尺寸不小于 1.2 m(宽)×2.4 m(长)。 3. 施工全员参与，对施工要领、安全要领、劳动保护等进行宣讲。 4. 安全讲评台美观大方，定期维护。	

续上表

序号	名称		相 关 要 求	实例图/示意图
3	文化建设措施	培训教育	1. 培训全覆盖、全员参与、培训考核。 2. 创新培训交底方式,采用 BIM+VR 技术、培训视频、安全体验、漫画长廊等进行培训交底。 3. 做到实物化、可视化,确保培训交底取得实效。 4. 根据现场要求进行不同类型的 VR 培训及体验。	
		样品展示实物交底	1. 铺轨基地设置样品展示区,对各工序施工工艺、机具、材料进行展示,深化技术交底。 2. 样品展示区美观大方,定期维护。	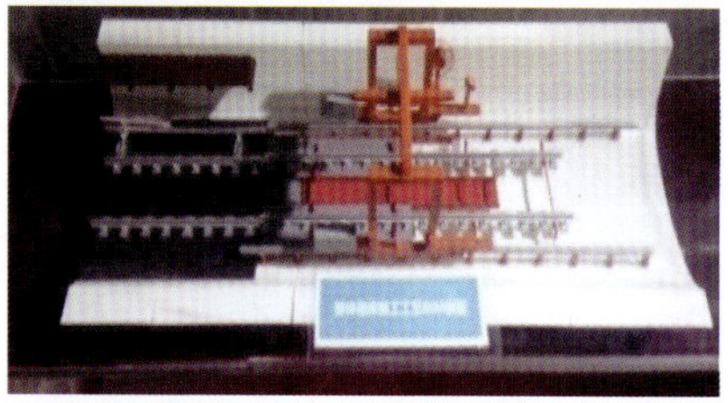 
		节水节能	1. 设置太阳能热水器并以电热水器为补充。 2. 生活区配备直饮水设备。 3. 路灯加装定时开关,室内控制空调温度(夏天不低于 26 ℃,冬天不高于 20 ℃),绿色环保,节能降耗。 4. 根据现场实际情况进行布置。	

第十三章　信息化管理（推荐使用）

序号	名称		相关要求	实例图/示意图
1	建筑信息模型（BIM）应用	优化场地布置	利用建模技术实现可视化场地布置，通过漫游检查办公区、生活区和施工区的布局，检查设备、临时设施布置以及场内交通组织的合理性。	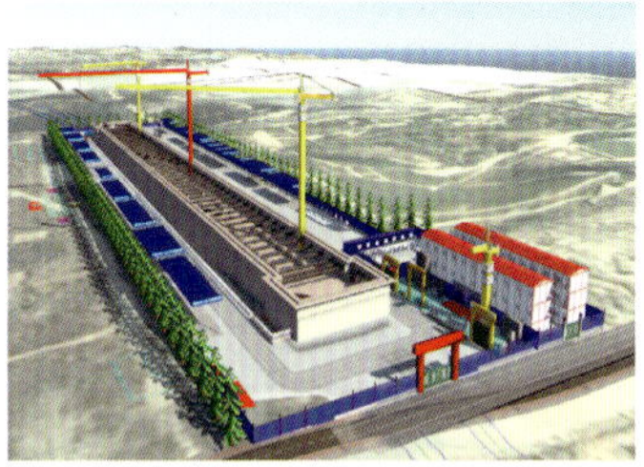
		施工模拟	动画模拟施工全过程：在施工前采用虚拟施工技术，对土建、机电安装、装修等专业的施工顺序完整展现出来，进而优化施工方案和加强各方协同管理。	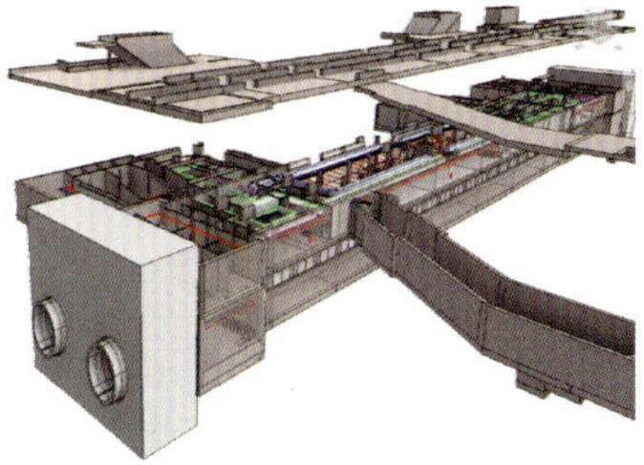
		管线综合设计优化	在施工前把管线和土建结构的碰撞点以及管线之间的碰撞点精确定位；找到碰撞点后，根据避让原则，利用模型进行管线综合的设计优化。	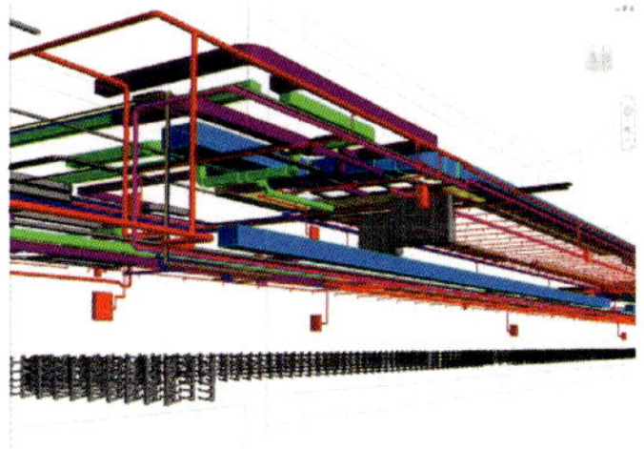
		装饰装修效果模拟	利用模型的漫游和渲染功能，模拟装饰装修风格、效果、色彩搭配及灯光照明，有利于深化设计。	

续上表

序号	名称		相关要求	实例图/示意图
1	建筑信息模型（BIM）应用	三维模型可视化技术交底	针对复杂节点和工艺,用三维模型进行直观交底,便于操作人员理解和掌握。	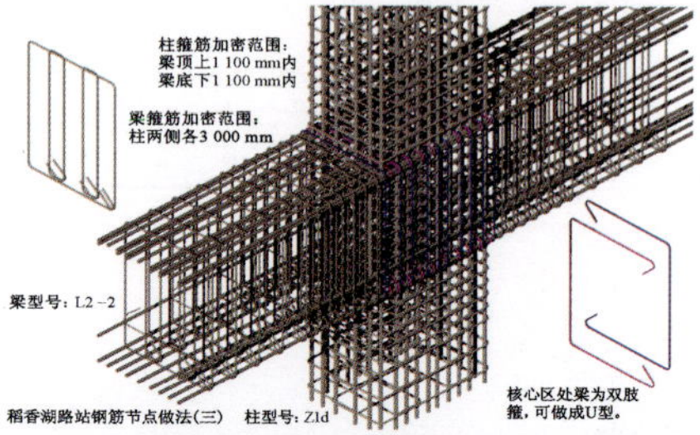
			1. 临时用电采用三级配电,两级漏电保护系统。 2. 重复接地系统与接地测试点做可靠连接。 3. 配电室设置防护栏,涂刷警示油漆,悬挂安全标识牌。	
		质量安全综合管理	1. 利用模型和移动端配合进行质量安全跟踪管理,检查问题和整改过程都可以存储到服务器或云空间,使问题具有可追溯性。 2. 管理流程为:(桌面端)建立模型→关联数据→(现场)现场检查→(移动端)上传问题位置、照片和问题描述→指定整改责任人和整改期限→(现场)整改→(移动端)整改责任人上传整改后照片→检查人复核整改是否通过→(桌面端)对质量安全问题汇总分析,生成分析报告。	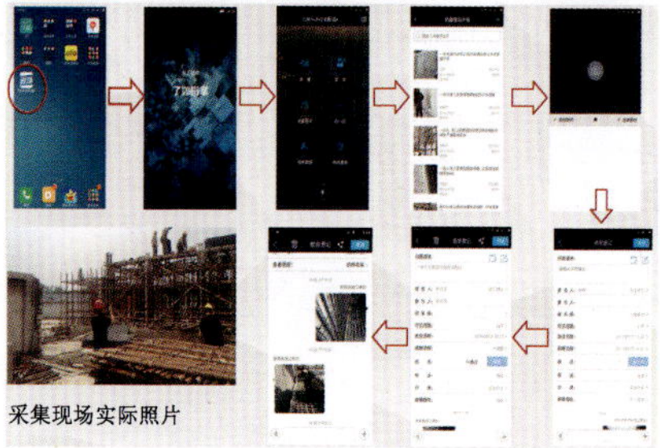
		施工进度管理	1. 实时对比计划进度与实际进度,对滞后进度项目进行预警,便于为进度管理决策提供依据。 2. 管理流程流程为:(桌面端)建立模型→编制进度计划→关联计划进度→(移动端)录入实际进度→(桌面端)获取实际进度→进度对比分析→提供报告或进行进度预警→进行进度纠偏。	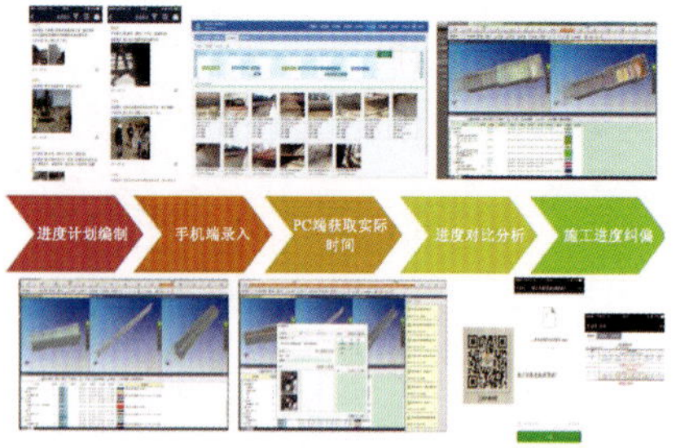

续上表

<table>
<tr><th>序号</th><th colspan="2">名称</th><th>相 关 要 求</th><th>实例图/示意图</th></tr>
<tr><td rowspan="3">2</td><td rowspan="3">二维码应用</td><td>质量跟踪管理</td><td>1. 对钢格栅、钢结构和其他预制构件等的加工制作信息以二维码形式张贴或悬挂在构件上，方便查询和管理。
2. 二维码中信息包含各工序制作人、加工时间、验收时间、验收人、检验状态和设计图纸等。</td><td>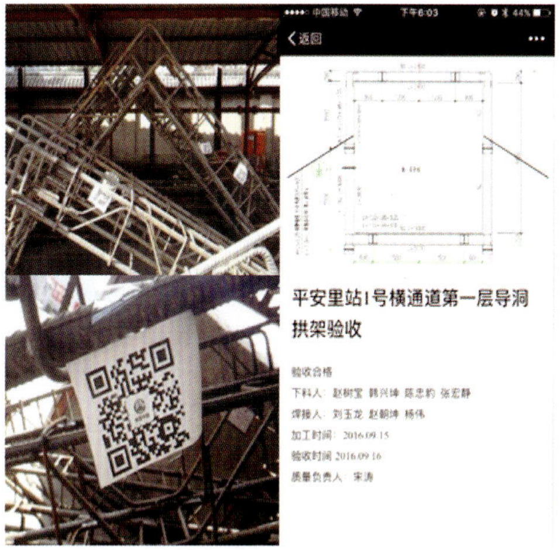</td></tr>
<tr><td rowspan="2">安全技术交底</td><td rowspan="2">在现场显著位置提供安全技术交底二维码，包含各工种、各工序，便于随时查阅。</td><td>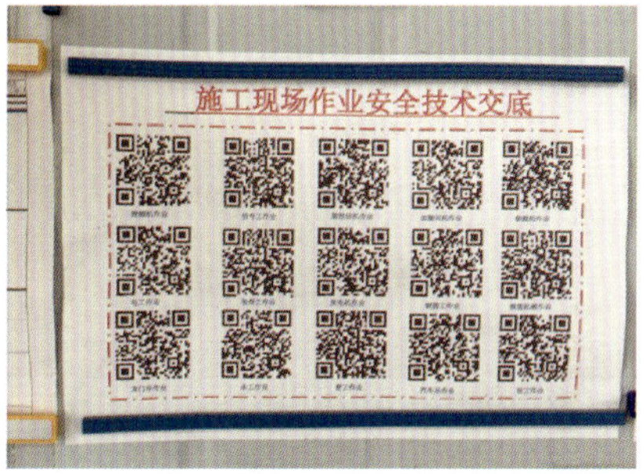</td></tr>
<tr><td></td></tr>
</table>

续上表

序号	名称		相关要求	实例图/示意图
2	二维码应用	全员入场教育	进场前用手机扫描二维码,分专业进行入场教育,使作业人员掌握本专业操作规程、作业面安全情况、入场应知应会基本知识等信息。	
		特种设备管理	二维码信息中包含设备生产或租赁厂家、进场验收资料、报验资料、特种作业人员身份证、上岗证等信息。	 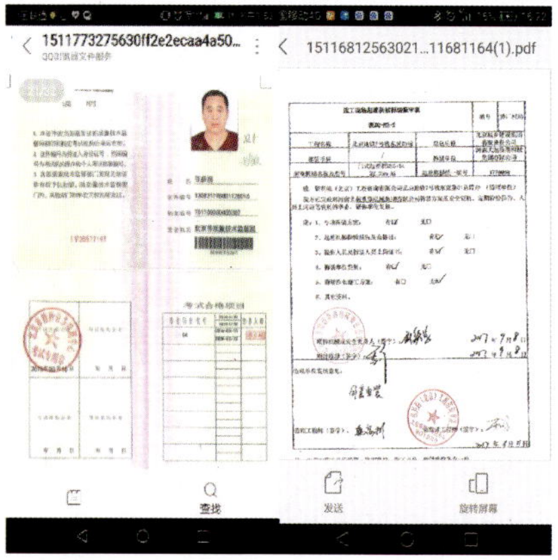

序号	名称		相关要求	实例图/示意图
3	安全风险管理平台	施工安全风险管理	1. 建立自身风险和环境风险模型。 2. 根据工程进度提示监测点数据采集范围和频率。 3. 系统根据监测数据自动发出预警并按流程进行预警响应。 4. 巡视预警和巡视路线管理。 5. 建立缺陷族库。 6. 设置虚拟警戒。 7. 生成监测报表并进行趋势分析。	 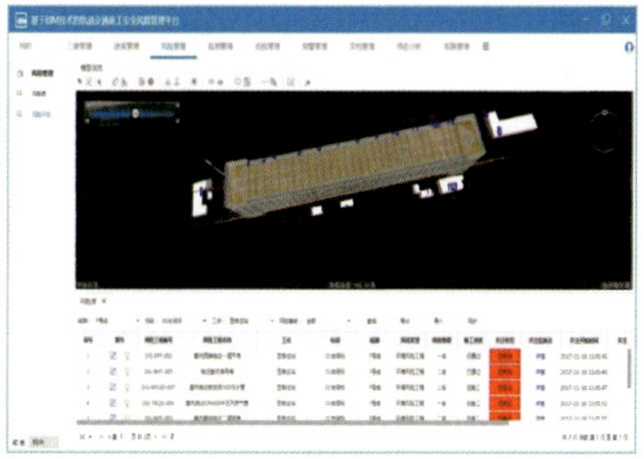
		盾构机管理平台	实时提供盾构机位置参数、姿态参数以及各系统的主要参数，便于对盾构机的安全风险有效管理。	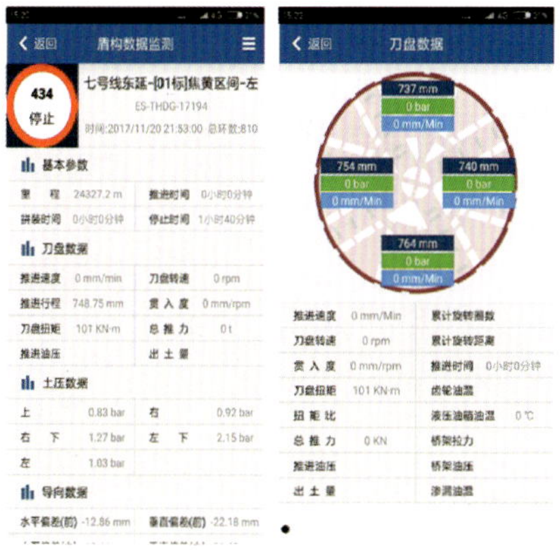

序号	名称		相关要求	实例图/示意图
3	安全风险管理平台	智能安全教育平台	便于对所有参建人员进行安全教育管理,及时准确掌握统计安全教育信息。	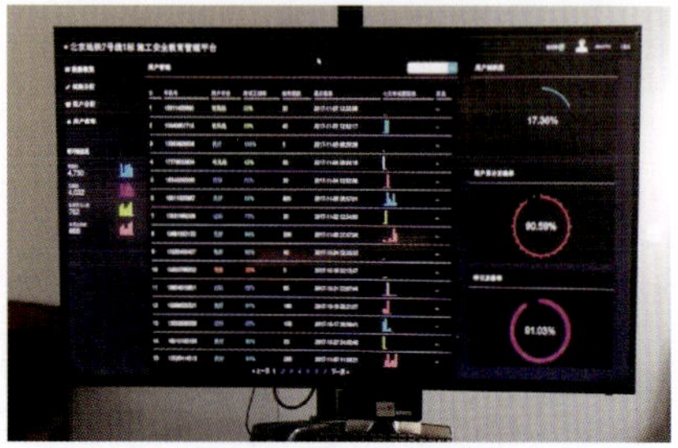 
		起重设备智能控制系统	1. 安装无线通信模块,将现场的塔吊控制系统组成一个通信网络。 2. 安装的变幅传感器和回转传感器采集塔机的实时数据,发送至主机及相邻碰撞关系的塔吊,通过三维防碰撞计算模型,自动计算塔吊间的距离。 3. 根据设定的碰撞角度和幅度预报警值发出控制指令,实现群塔作业的防碰撞控制。	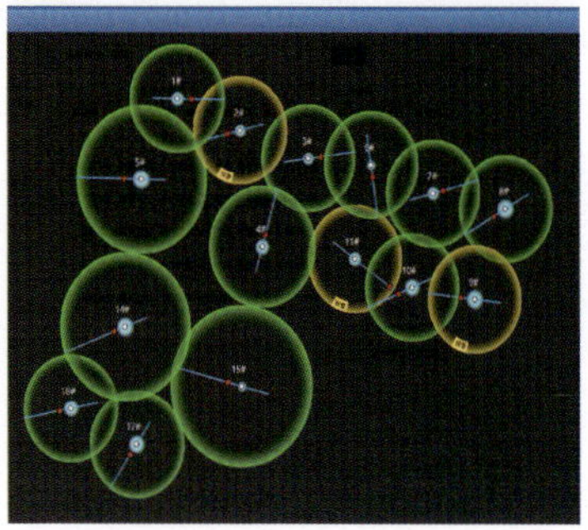

续上表

<table>
<tr><th>序号</th><th>名称</th><th>相　关　要　求</th><th>实例图/示意图</th></tr>
<tr><td rowspan="2">4</td><td rowspan="2">移动端综合管理</td><td rowspan="2">1. 劳务管理系统。
2. 视频集成系统。
3. 协同办公系统。
4. 微信平台应用。</td><td>

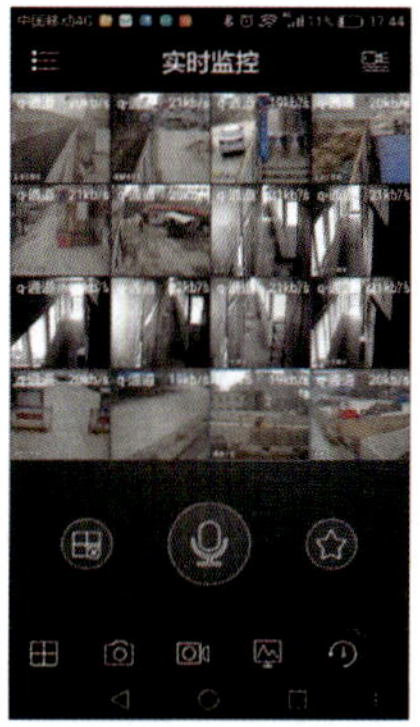
</td></tr>
<tr><td>
</td></tr>
</table>

续上表

序号	名称		相关要求	实例图/示意图
5	智能芯片应用	混凝土试件智能管理	混凝土试件植入芯片，对试件的取样、制作、送样、检测情况进行全过程追踪。	
		地下作业人员定位	在安全帽内安装智能芯片，利用移动端软件和云技术实现人员定位。 1. 实时定位现场人员位置并记录移动轨迹。 2. 将现场人员的工作状况进行量化，生成出勤分析表和工时分析报表。 3. 当现场人员靠近施工现场危险源时，该系统进行语音警示并播报安全生产注意要领。 4. 依据系统录入的人员实名信息，对现场施工人员进行分析，提升管理效率。	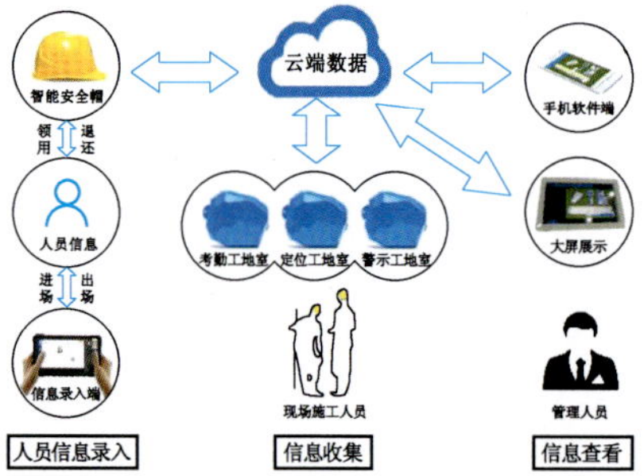 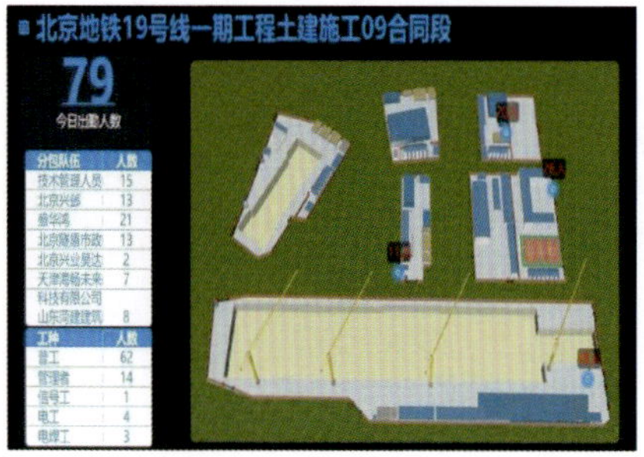

附件 1：

绿色文明施工标准化管理实施方案编制依据(部分)

一、国家标准

(1)《安全色》(GB 2893—2008)
(2)《安全标志及其使用导则》(GB 2894—2008)
(3)《安全色和安全标志　安全标志的分类性能和耐久性》(GB/T 26443—2010)
(4)《消防安全标志　第 1 部分:标志》(GB 13495.1—2015)
(5)《消防应急照明和疏散指示系统》(GB 17945—2010)
(6)《电气安全标志》(GB/T 29481—2013)
(7)《机械电气安全　指示、标志和操作 第 1 部分:关于视觉、听觉和触觉信号的要求》(GB 18209.1—2010)
(8)《机械电气安全　指示、标志和操作 第 2 部分:标志要求》(GB 18209.2—2010)
(9)《建筑施工场界环境噪声排放标准》(GB 12523—2011)
(10)《污水综合排放标准》(GB 8978—2002)
(11)《建筑工程绿色施工评价标准》(GB/T 50640—2010)
(12)《职业健康监护技术规范》(GBZ 188—2014)
(13)《建设工程施工现场消防安全技术规范》(GB 50720—2011)
(14)《建设工程施工现场供用电安全规范》(GB 50194—2014)
(15)《建筑节能工程施工质量验收规范》(GB 50411—2014)
(16)《建筑灭火器配置设计规范》(GB 50140—2005)
(17)《建筑灭火器配置验收及检查规范》(GB 50444—2008)
(18)《企业安全生产标准化基本规范》(GB/T 33000—2016)

二、行业标准

(1)《施工现场临时用电安全技术规范》(JGJ 46—2005)
(2)《施工现场临时建筑物技术规范》(JGJ/T 188—2009)
(3)《建筑施工安全检查标准》(JGJ 59—2011)
(4)《建筑工程施工现场视频监控技术规范》(JGJ/T 292—2012)
(5)《建设工程施工现场环境与卫生标准》(JGJ 146—2013)

(6)《建筑拆除工程安全技术规范》(JGJ 147—2016)
(7)《建筑工程施工现场标志设置技术规程》(JGJ 348—2014)
(8)《生产经营单位安全生产事故应急预案编制导则》(GB/T 29639—2013)
(9)《建筑垃圾处理技术规范》(CJJ 134—2009)

三、地方标准

(1)《消防安全疏散标志设置标准》(DB11/1024—2013)
(2)《建设工程施工现场安全防护、场容卫生及消防保卫标准》(DB11/945—2012)
(3)《建设工程施工现场安全防护、场容卫生及消防保卫标准 第 2 部》(DB11/T 1469—2017)
(4)《建筑垃圾运输车辆标识、监控和密闭技术要求》(DB11/T 1077—2014)
(5)《建设工程施工现场生活区设置和管理规范》(DB11/1132—2014)
(6)《绿色施工管理规程》(DB11/T 513—2018)
(7)《预拌砂浆应用技术规程》(DB11/T 696—2016)
(8)《预拌盾构注浆料应用技术规程》(DB11/T 1608—2018)
(9)《预拌喷射混凝土应用技术规程》(DB11/T 1609—2018)
(10)《建设工程临建房屋应用技术标准》(DB11/693—2017)
(11)《城市轨道交通工程建设安全风险技术管理规范》(DB11/T 1316—2016)
(12)《建设工程施工现场安全资料管理规程》(DB11/383—2017)

四、部委、北京市相关文件

(1)《北京市大气污染防治条例》(北京市第十四届人大常委会公告第 3 号)
(2)《北京市消防条例(2011 修订)》(北京市第十三届人大常委会公告第 17 号)
(3)《北京市建设工程施工现场管理办法》(北京市人民政府令第 277 号)
(4)住房城乡建设部关于印发《工程质量安全手册(试行)》的通知(建质[2018]95 号)
(5)《城市轨道交通工程质量安全检查指南》(建质[2016]173 号)
(6)住房和城乡建设部《房屋市政工程安全生产标准化指导图册》建办质函[2019]90 号
(7)北京市建设工程施工现场安全生产标准化管理图集(2019 版)
(8)《建筑工程安全防护、文明施工措施费用及使用管理规定》的通知(建办[2005]89 号)
(9)关于印发《防暑降温措施管理办法》的通知(安监总安健[2012]89 号)
(10)《关于调整安全文明施工费的通知》(京建发[2014]101 号)
(11)关于印发《北京市城市轨道交通工程项目质量安全管理标准化考评实施方案》的通知(京建发[2017]102 号)
(12)《关于进一步加强本市建筑工地食品安全管理工作的通知》(京食药监食餐[2017]4 号)
(13)关于印发《北京市打赢蓝天保卫战三年行动计划 2018 年重点任务措施和 2018-2019 年秋冬季住建系统施工现场扬尘治理攻坚行动方案》的通

知(京建发[2018]534号文)

(14)《北京市建设系统空气重污染应急预案(2018年修订)》(京建发[2018]493号)

(15)北京市住房和城乡建设委员会关于印发《2018年北京市住房城乡建设系统打击假冒建筑施工特种作业操作证专项治理行动实施方案》的通知(京建发[2018]378号)

(16)《北京市建设工程有限空间作业安全生产管理规定》(京建施[2009]521号)

(17)《关于全面推行施工现场安全生产标准化和绿色施工管理的通知》(京建发[2011]42号)

(18)《北京市住房和城乡建设委员会关于进一步加强建设系统施工现场禁止使用高排放非道路移动机械有关规定的通知》(京建发[2017]550号)

(19)《关于在建设工程施工现场推广使用远程视频监控系统的通知》(京建法[2013]17号)

(20)《北京市推广、限制和禁止使用建筑材料目录(2014年版)》(京建发[2015]86号)

(21)《关于委托开展2014年轨道交通工地全封闭施工试点工作的通知》(京建发[2013]583号)

(22)《北京市人民政府办公厅转发市市政市容委关于进一步加强建筑垃圾土方砂石运输管理工作意见的通知》(京政办发[2014]6号)

(23)《关于在建设工程施工现场实施标准化安全防护的通知》(京建法[2014]7号)

(24)《关于利用施工现场远程视频监控系统加强执法工作联动有关问题的通知》(京建法[2014]393号)

(25)北京市住建委关于印发《2019年建筑施工安全生产和绿色施工管理工作要点》的通知(京建发[2019]43号)

(26)关于印发《北京市城市轨道交通建设工程推进绿色安全建造指导意见》的通知(京建发[2017]85号)

(27)《关于进一步加强建筑垃圾治理工作的通知》(京建发[2018]5号)

(28)北京市住房和城乡建设委员会贯彻落实《关于进一步加强建筑垃圾治理工作的通知》(京建发[2018]10号)

(29)《关于加强轨道交通工程建设施工职业病防治工作的通知》(京安监通[2018]101号)

五、建设单位文件

(1)北京市轨道交通建设管理有限公司《城市轨道交通建设工程绿色文明施工标准化管理图册》

(2)关于印发《轨道交通工程绿色文明施工实施方案编制大纲》的通知(轨道安质字[2016]138号)

(3)关于印发《轨道交通工程施工围挡、罩棚、旗杆等技术标准》的通知(轨道安质字[2016]139号)

(4)关于印发《轨道交通建设工程绿色文明施工管理办法》的通知(轨道安质字[2016]469号)

六、其他

(1)投标文件中对绿色文明施工的承诺和在招标文件中对绿色文明施工的响应

(2)本标段施工图纸

(3)已批复的实施性施工组织设计

(4)本企业绿色文明施工的相关要求等

附件 2：

北京轨道交通工程施工现场安全标志、专用标志设置规定(试行)

为加强北京市轨道交通建设管理有限公司管辖的轨道交通工程的安全生产管理，预防施工安全事故，规范施工现场的安全标志、专用标志，实现施工现场标志、标识设置的标准化。根据《安全色》(GB 2893—2008)、《安全标志及其使用导则》(GB 2894—2008)、《安全色和安全标志、安全标志的分类性能和耐久性》(GB/T 26443—2010)、《电气安全标志》(GB/T 29481—2013)等有关法律、法规、标准、规范和规程，特规定如下：

一、总体要求

1. 在重大危险源的明显位置、有较大危险因素的生产经营场所和有关设施和设备上，设置明显的安全警示标志、专用标志。
2. 安全标志、专用标志设置的型式、内容、数量和材质应符合本规定。
3. 施工现场安全标志、专用标志应当根据“安全可靠、技术可行、经济实用”的原则设置。
4. 标志的设置不得影响施工现场通行安全和紧急疏散。

二、安全标志、专用标志分类和颜色要求

安全标志类型分警告标志、禁止标志、指令标志和提示标志四大类型。

(1)警告标志的基本含义是提醒人们对周围环境引起注意，以避免可能发生危险的图形标志。

(2)禁止标志的含义是禁止人们不安全行为的图形标志。

(3)指令标志的含义是强制人们必须做出某种动作或采用防范措施的图形标。

(4)提示标志的含义是向人们提供某种信息(如标明安全设施或场所等)的图形标志。

(5)提示标志的方向辅助标志：提示标志提示目标的位置时要加方向辅助标志。按实际需要指示左向或下向时，辅助标志应放在图形标志的左方，如指示右向时，则应放在图形标志的右方。

(6)文字辅助标志：文字辅助标志的基本型式是矩形边框(横写)；禁止标志、指令标志为白色字；警告标志为黑色字。禁止标志、指令标志衬底色为标志的颜色，警告标志衬底色为白色。

(7)相间条纹宽度：安全色与对比色相间的条纹宽度应相等，即各占 50%，斜度与基准面成 45°。宽度一般为 100 mm，但可根据设备大小和安全标志位置的不同，采用不同的宽度，在较小的面积上其宽度可适当缩小，每种颜色不能少于两条。

三、施工现场安全标志、专用标志设置规定

1. 施工现场安全标志、专用标志是由图形符号、安全色、几何形状(边框)或文字构成，是用以表达安全信息的特殊标志。
2. 安全标志、专用标志应符合国家标准《安全标志及其使用导则》(GB 2894—2008)的要求。
3. 施工单位应当在施工现场入口处、施工竖井、基坑边沿、施工起重机械、临时用电设施、脚手架、出入通道口、梯道口、孔洞口、隧道口、临空临边、作

业场站；爆破物、易燃物、危险气体、危险液体和其他有毒有害危险品存放处，临时用电设施，重要管线及施工现场及其他可能导致人身伤害的危险部位或场所，设置足够、有效、明显的安全标志、专用标志。

4. 轨道交通工程施工现场的重点消防防火区域，应设置消防安全标志。

四、施工现场安全标志、专用标志使用要求

1. 安全标志、专用标志应设在危险源或其防护设施的醒目、明显位置，并应根据施工进度和危险源的变化及时更新。

2. 安全标志设置的高度，应尽量与人眼的视线高度相一致，安全标志的平面与视线夹角应接近 90°，观察者位于最大观察距离时，最小夹角不低于 75°。

3. 施工现场安全标志、专用标志的类型、数量应当根据危险源的性质，分别设置不同的安全标志、专用标志。多个安全标志在一起设置时，应按警告、禁止、指令、提示类型的顺序，先左后右，先上后下地排列。

4. 施工现场安全标志、专用标志应保持颜色鲜明、清晰、持久，对于发现破损、变形、褪色和图形符号脱落等影响效果的情况，应及时修整或更换。

5. 标志的设置、维护与管理应明确责任人。

6. 施工现场安全标志、专用标志应保持清晰、醒目、准确和完好，并与实际情况相符。不得遮挡或擅自拆除和移动。

7. 施工区域、办公区域和生活区域应设置专用名称标志。

五、安全色

1. 安全色

表达安全信息的颜色，通过黄、红、蓝、绿四种颜色分别表示警告、禁止、指令、提示的意义。

2. 对比色

安全色与对比色同时使用时，应按照表 1 规定使用。

表 1　安全色的对比色

安全色	对比色
红色	白色
蓝色	白色
黄色	黑色
绿色	白色

3. 安全色与对比色的相间条纹

(1)红色与白色相间条纹

表示禁止或提示消防设备、设施位置的安全标志。应用于临边防护栏杆、固定禁止标志的标志杆上的色带等。

(2)黄色与黑色相间条纹

表示危险位置的安全标记。应用于各种机械在工作或移动时容易碰撞的部位，如移动式起重机的外伸腿、起重臂端部、起重吊钩和配重；成品保护(护

角）、配电箱基础、土仓防撞柱、高出地面的消防池、塔吊基础、钢筋堆放防倾挡、高出地面的其他障碍物等，固定警告标志的标志杆的色带等。

设备所涂条纹的倾斜方向应以中心线为轴线对称，两个相对运动（剪切或挤压）棱边上条纹的倾斜方向应相反。

（3）蓝色与白色相间条纹

表示指令的安全标记，传递必须遵守规定的信息。

（4）绿色与白色相间条纹

表示安全环境的安全标记。

4. 管道识别色、识别符号和安全标识符合以下规定

（1）识别色标识方法，使用方应从以下五种方法中选择

（a）管道全长上标识；

（b）在管道上以宽为 150 mm 的色环标识；

（c）在管道上以长方形的识别色标牌标识；

（d）在管道上以带箭头的长方形识别色标牌标识；

（e）在管道上以系挂的识别色标牌标识。

（2）八种基本识别色、色样和颜色标准编号见表 2。

表 2　八种基本识别色、色样和颜色标准编号

物质种类	基本识别色	色样	颜色标准编号
水	艳绿		G03
水蒸气	大红		R03
空气	淡灰		B03
气体	中黄		Y07
酸或碱	紫		P02
可燃液体	棕		YR05
其他液体	黑		
氧	淡蓝		PB06

5. 标线

（1）标线可由黄黑、红黄、红白相间斜线组成，也可由红白相间的支线组成，或由黄色直线组成。标线的线段宽度可根据现场需要确定，但不应小于 15 mm。

（2）当标线为警示带时，可均匀印有安全标志和警示语。警示标线带可张拉固定或粘贴固定。

（3）附着在其他设施或地面的标线，宜采用涂料施划。涂料应有良好的耐磨性能、反射性能。

（4）轨道交通施工现场标线的图形、名称、设置范围和地点可参照表 3 执行。

表3　轨道交通施工现场标线的图形、名称、设置范围和地点

序号	图形(颜色)	名称	设置范围、地点
1		警告标线	危险区域地面
2		警告标线(45°,等间距斜线)	易发生危险或可能存在危险的区域,设在固定设施或建(构)筑物上
3		警告标线(45°,等间距斜线)	
4	 高压危险	警示带	危险区域

六、安全标志、专用标志材质、尺寸及固定说明

1. 材质要求

警告标志、禁止标志、指令标志、提示标志(地面或隧道内)均采用镀锌铁板或塑料制作。推荐在隧道内采用反光标志;高处或高处作业宜使用塑料材质,防止掉落伤人。标志应当坚固、安全、环保、耐用、使用不褪色材料制作,有触电危险的作业场所应使用绝缘材料。

施工现场涉及紧急电话、消防设备、疏散等标志应采用主动发光或照明式标志。

安全标志设置应便于回收和重复利用。

2. 尺寸要求

禁止标志牌、警告标志牌、指令标志牌尺寸:宽×高＝300 mm×400 mm(推荐),各单位可根据现场实际情况按比例放大或缩小。

3. 固定说明

固定方式分附着式、悬挂(吸顶)式、落地式、摆放式和柱式等。附着式和悬挂式应采取钉挂、粘贴、吊杆方式,保证牢固可靠、不倾斜;柱式标志固定在标志杆上,竖立于其指示物附近。

4. 检查和维修

施工现场安全标志不得涂鸦或遮挡,现场发现有破损、变形、褪色等不符合要求时应及时修整或更换,在更换期间应有临时的标志替换,以避免发生意外的伤害。

七、职业病危害警示标识

产生职业病危害的工作场所,应当在工作场所入口处及产生职业病危害的作业岗位或设备附近的醒目位置设置警示标识,警示标识的规格要求等按照《工作场所职业病危害警示标识》(GBZ 158—2003)执行。

八、安全标志、专用标志悬挂部位和设置

安全标志、专用标志的具体设置可参照附件1,但应根据工程实际和施工安全需要进一步补充完善,合理增加,但数量不少于附件1推荐数量。

九、补充说明

统一标志、专用标志不涉及任何变更费用。本规定不包括安全管理制度、操作规程专用标志。

禁止标志图例(部分常用)

禁止标志				
图形标志				
名称	禁止放易燃物	禁止烟火	禁止合闸(作业时悬挂)	禁止用水灭火
图形标志				
名称	禁止吸烟	禁止跨越	禁止攀登	禁止靠近
图形标志				
名称	禁止停留	禁止堆放	禁止戴手套	禁止抛物

续上表

图形标志				
名称	禁止吸烟（带辅助标志）	禁止烟火（带辅助标志）	限速行驶（带辅助标志）	禁止翻越（带辅助标志）

警告标志图例（部分常用）

警告标志				
图形标志				
名称	注意安全	当心触电	当心机械伤人	当心吊物
图形标志				
名称	当心坠落	当心落物	当心坑洞	当心塌方

续上表

图形标志				
名称	当心冒顶	当心车辆	当心碰头	当心弧光
图形标志				
名称	当心淹溺	当心爆炸	当心火车	当心伤手
图形标志				
名称	当心火灾（带辅助标志）	当心触电（带辅助标志）		

指令标志图例(部分常用)

指令标志				
图形标志				
名称	必须戴防护眼镜	必须戴防尘口罩	必须正确佩戴安全帽	必须戴防护手套
图形标志				
名称	必须系安全带	必须加锁	必须接地	接机壳(GB/T 5465.2)
图形标志				
名称	必须戴防毒面具	必须带防护面罩	必须带防护耳罩	必须穿防护鞋

提示标志图例(部分常用)

提示标志				

动火区域	应急避难场所	避险处	紧急出口	紧急出口(向右)
			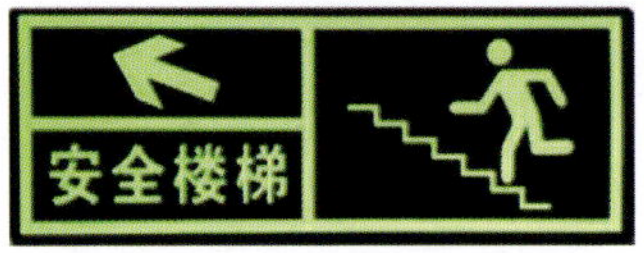	

专用标志图例

<table>
<tr><td colspan="5">专用标志示意图</td></tr>
<tr><td>专用标志样图</td>
<td>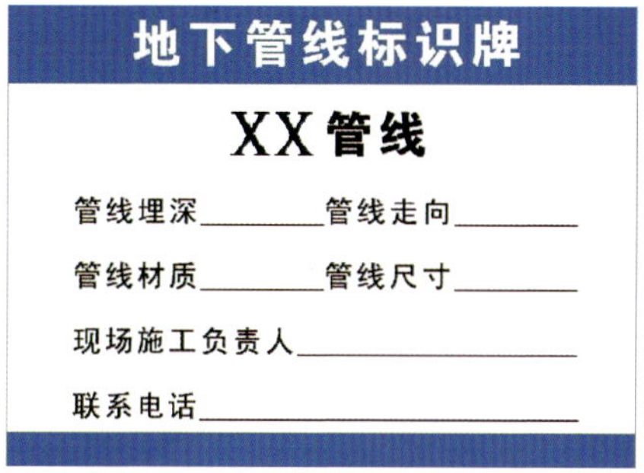</td>
<td>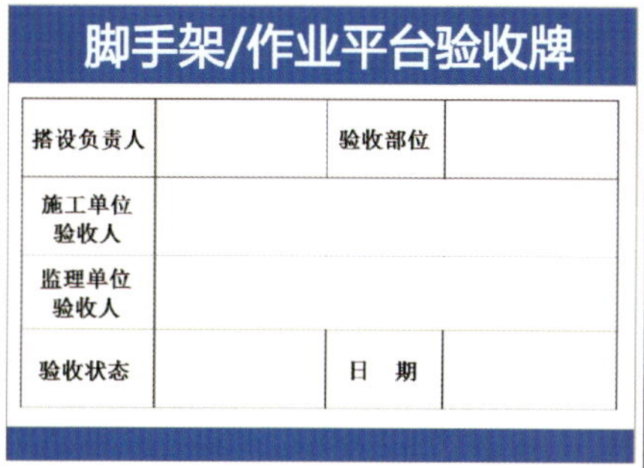</td>
<td>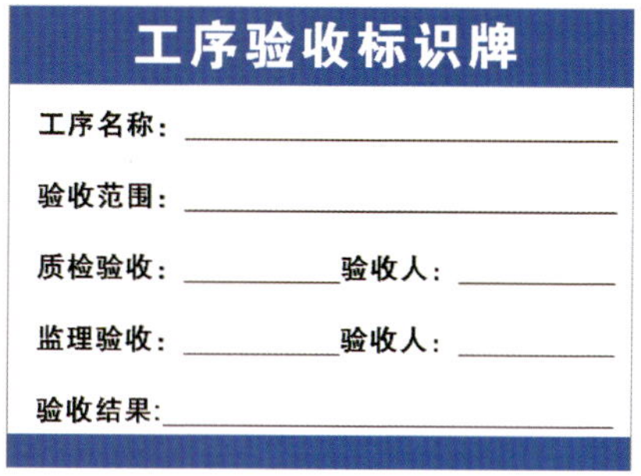</td>
<td>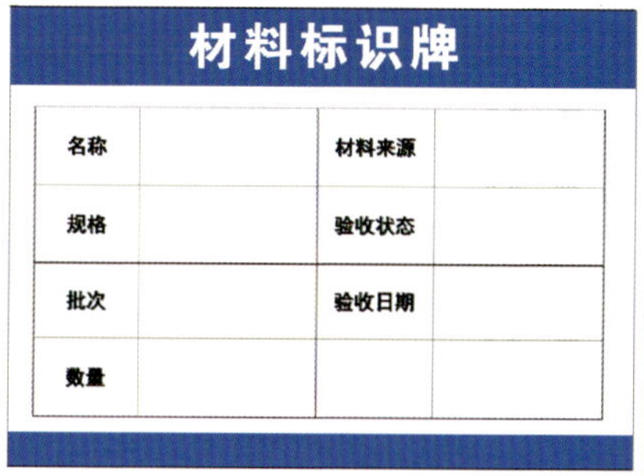</td></tr>
<tr><td>名称</td><td>管线专用标志</td><td>脚手架/作业平台验收牌</td><td>隐蔽验收状态专用标志</td><td>材料检验状态专用标志</td></tr>
<tr><td>专用标志样图</td>
<td>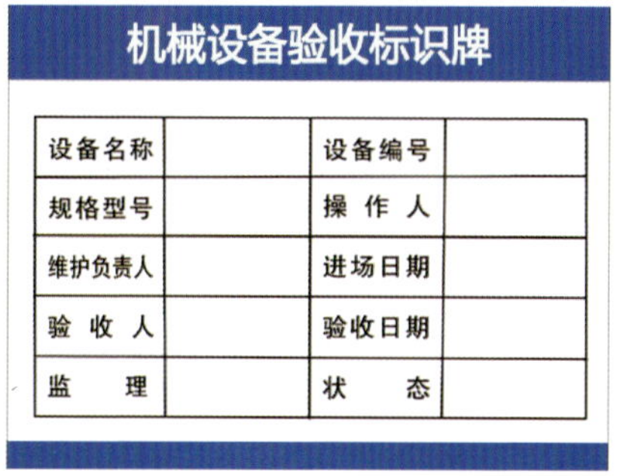</td>
<td>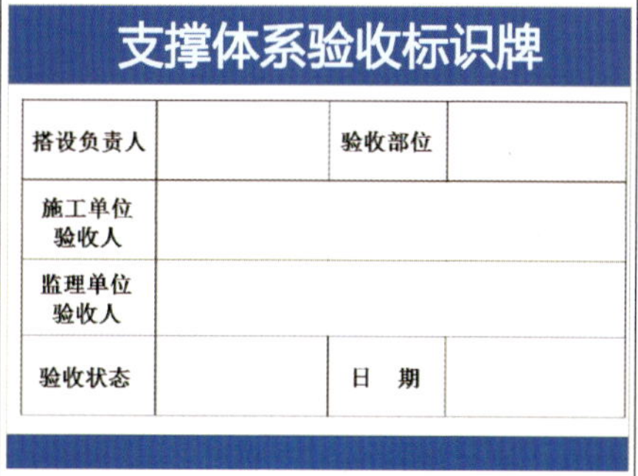</td>
<td>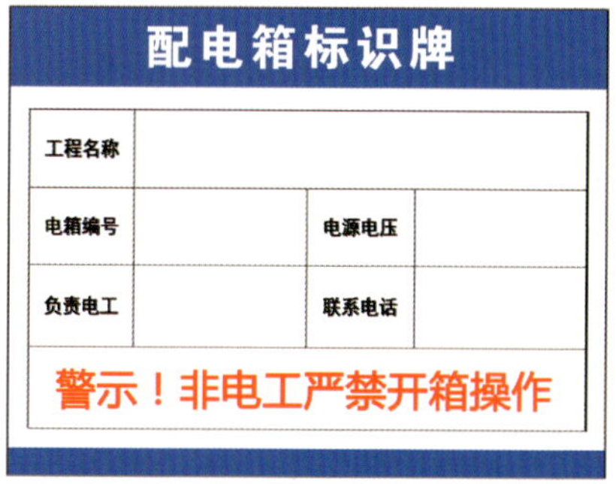</td>
<td>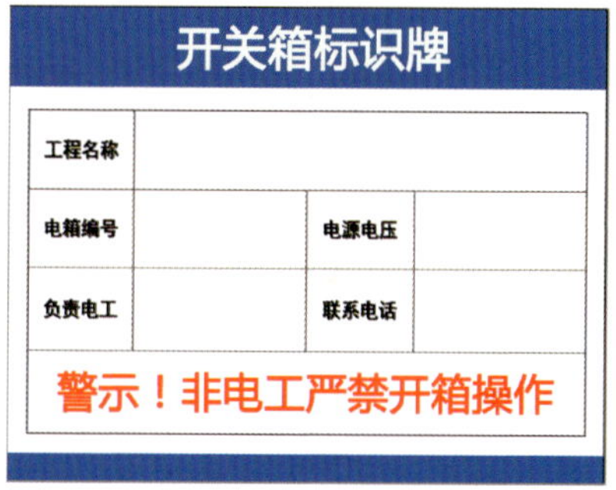</td></tr>
<tr><td>名称</td><td>机械设备专用标志</td><td>支撑体系验收专用标志</td><td>配电箱专用标志</td><td>开关箱专用标志</td></tr>
</table>

备注：各企业标志、项目名称可根据企业要求增加在专用标志底边蓝色边条区域或专用标志顶部。

附件 3：

相关规范、规程对施工现场标志标识的汇总

引用标准	悬挂标识的种类或须悬挂标识的部位	具体条款
《施工现场机械设备检查技术规程》(JGJ 160—2008)	当埋地敷设时，埋地电缆路径应设方位标志	3.3.9.7　当埋地敷设时，埋地电缆路径应设方位标志，深度不应小于 0.7 m，电缆上、下、左、右侧均应敷设不小于 50 mm 厚的细砂，并铺盖板保护，引出地面从 2 m 高到地下 0.2 m 处应加设保护套管。
	各种类起重机上应标色彩标志	6.1.1　各类起重机应装有音响清晰的喇叭、电铃或汽笛等信号装置；在起重臂、吊钩、平衡臂等转动体上应标以明显的色彩标志。
	电气元件操作柜的门处标危险警示标志	6.12.15.3　电气元件设置在单独的操作柜中，操作柜应有门锁，门处应标有危险警示标志。
	电动机电源线的两端应有统一编号标志	6.12.15.8　电动机电源线应成束捆扎分布，并悬挂在架体踏步外侧上方，不应散乱于踏步上；每根电源线的两端应有统一编号标志。
	防护压板、护罩等应有指示标志	10.1.3.5　防护压板、护罩等安全防护装置应齐全、可靠，指示标志应醒目有效。
《施工现场机械设备检查技术规程》(JGJ 160—2008)条文说明	达不到《施工现场临时用电安全技术规范》(JGJ 46—2005)所要求的悬挂警告标志	6.1.3.5　本条是《施工现场临时用电安全技术规范》(JGJ 46—2005)所要求的，如达不到这条规定要求，应采取绝缘隔离防护措施，并应悬挂醒目的警告标志。
《汽车起重机和轮胎起重机安全规程》(JB 8716—1998)	起重机应有额定起重量表、起升高度曲线标牌及其他安全标志	3.2　起重机应有额定起重量表、起升高度曲线标牌及其他安全标志。它们必须固定在操作人员便于看到的位置。其内容、格式应参照(JB 4031)的规定。同时应在主臂适当位置用醒目的字体写上“起重臂下严禁站人”字样。
	液压系统的蓄能器处标示安全警示	6.6　系统中采用蓄能器时，必须在蓄能器上或靠近蓄能器的明显处标示出安全警示标志。蓄能器的充气量与安装必须符合制造厂的规定。
	操作系统	9.3　在所有操纵手柄、踏板等的上面或附近处均应有表明用途和操纵方向的清楚标志。
《建筑施工安全检查标准》(JGJ 59—2011)	安全管理	3.1.4.4　安全标志 1)施工现场入口处及主要施工区域、危险部位应设置相应的安全警示标志牌； 2)施工现场应绘制安全标志布置图；

续上表

引用标准	悬挂标识的种类或须悬挂标识的部位	具　体　条　款
		3)应根据工程部位和现场设施的变化,调整安全标志牌设置; 4)施工现场应设置重大危险源公示牌。
《建筑施工安全检查标准》(JGJ 59—2011)	文明施工	3.2.3.2.4)封闭管理 4)施工现场出入口应标有企业名称或标识,并应设置车辆冲洗设施。
	施工用电	3.14.3.1.2)当安全距离不符合规范要求时,必须采取绝缘隔离防护措施,并应悬挂明显的警示标志。
	配电室	3.14.4.1.6)配电室应设置警示标志、工地供电平面图和系统图。
《绿色施工管理规程》(DB11/513—2015)	节能与能源利用	5.2.4　按照方案布置施工用电线路、实行用电分表计量,照明选用节能灯具和声、光控开关;用电电源处应设置明显的节约用电标识。
		5.3.5　施工现场工程、生活用水应使用节水型器具,在水源处应设置明显的节约用水标识,施工中宜采用先进的节水施工工艺。
《建设工程施工现场生活区设置和管理》(DB11/1132—2014)	生活设施	3.1.5　设置应急疏散通道、逃生指示标识和应急照明灯。
	食品卫生	5.0.4　生熟食品应分开加工和保管,存放成品或半成品的口器皿有耐冲洗的生熟正反面标识,并应遮盖。
	食堂	3.3.5.4　应设置"严禁烟火"等安全警告标志,配备足量的灭火器材。
《建设工程临建房屋应用技术标准》(DB11/693—2017)	平面布置	5.1.3　施工现场办公区、生活区应与施工作业区分开设置,且应采取相应的隔离措施,并应设置导向、警示、定位、宣传等标识。
	临建房屋拆除	7.1.1　临建房屋拆除区域不得从事其他作业,应设置围栏隔离,并应设醒目警示标志。
	建筑安全有使用要求	7.0.3　临建房屋的消火栓处昼夜应设有明显标志,配备足够的水龙带,周围3 m内不准存放物品。
《建设工程施工现场安全防护场容卫生及消防保卫标准》(DB11/945—2012)	基槽、坑、沟,大孔径桩作业防护	2.2.7　毗邻道路开挖的槽、坑、沟,必须采取有效的防护措施,防止人员坠落,夜间必须设红色标志灯示警。
	洞口防护	2.6.1　短边长度1.5 m以下的孔洞,应用坚实盖板封闭,有防止挪动、位移的措施,盖板应加警示标识。

续上表

引用标准	悬挂标识的种类或须悬挂标识的部位	具 体 条 款
《建设工程施工现场安全防护场容卫生及消防保卫标准》(DB11/945—2012)	洞口防护	2.6.3 伸缩缝和后浇带处,应加固定盖板防护,并加警示标识。
	料具安全防护	2.9.1 玻璃应放置在专用存放架上,呈 70°~80°码放并采取相应措施进行固定,底部采取防滑措施,周围应设置明显的警告标志。
	库房	2.9.1 易燃易爆物应设置专库分类存放,配备消防器材,并设警示标志。
	临时用电防护	2.10.9 配电箱、开关箱应安装在干燥、通风场所,配电箱周围应整洁、不得堆放任何物品,且有两人同时工作的空间。配电箱、开关箱安装应端正、稳固,进出线口应设在箱体下方,顺直固定。配电箱应有防护栏、防雨、防砸措施,并设有警告标志和灭火器。
	临时用电防护	2.10.22 施工现场临时用电工程采用的电气设备、器材应符合国家现行有关标准规定,列入国家强制性认证产品目录的,必须有强制性准标识,并有 3C 证书和相关检测报告。
	有限空间作业防护	2.12.5 有限空间作业场所应设置信息公示牌、设警戒标志,作业人员应佩戴包含信息公示牌相关内容的工作证件,现场监护人员应佩戴袖标。
	拆除工程作业防护	2.13.7 拆除工程应划定施工作业区域,设置围挡和警示标志,专人监管。
	场容卫生	3.1.1 施工现场大门内应设置施工现场总平面布置图、公共突发事件应急处置流程图和安全生产、消防保卫、环境保护、文明施工制度板。施工现场的各种标识牌字体正确规范、工整美观,并保持整洁完好。
	场容卫生	3.1.2 施工现场应挂牌设立“农民工夜校”,配备必要设备设施。
	场容卫生	3.1.4 施工现场应设置重大危险源公示栏以及安全宣传、评比、曝光栏。
	现场场容	3.2.2 管线工程以及城市道路工程的施工现场围挡可以连续设置,也可以按工程进度分段设置。特殊情况不能进行围挡的,应当设置安全警示标志,并在工程险要处采取隔离措施。
	现场场容	3.2.4 施工现场的大门和门柱应牢固美观,门柱高度不得低于 2.8 m,大门上应标有企业标识,门卫应统一着装,穿戴整齐。
	现场场容	3.2.12 施工现场应合理悬挂安全生产宣传标语和警示牌,标牌悬挂牢固可靠,美观大方,特别是主要施工部位、作业面和危险区域及主要通道口都必须有针对性悬挂醒目的安全警示牌。
《建设工程施工现场安全防护场容卫生及消防保卫标准》(DB11/945—2012)	现场场容	3.2.16 现场各种材料、机械设备、配电设施、消防器材等应按照施工现场总平面布置图统一布置,标识清楚。
	现场场容	3.2.17 场内材料应分类码放整齐,悬挂统一制作的标牌,标明名称、品种、规格、数量等。材料的存放场地应平整夯实,有排水措施。

续上表

引用标准	悬挂标识的种类或须悬挂标识的部位	具 体 条 款
	现场环境卫生和卫生防疫	3.3.9　施工区域、办公区域和生活区域应有明确划分，设标志牌，明确卫生负责人。施工现场办公区域和生活区域应根据实际条件进行绿化。办公室、宿舍和更衣室要保持清洁有序。施工区域内不得晾晒衣物被褥。
	消防保卫	4.3.5　施工现场在建设工程平地阶段应设置消防水源，按照总平面设计设置室外消火栓系统，消防干管直径不小于 100 mm，消火栓处昼夜要有明显标志，配备有效开启工具和足够的水龙带，周围 3 m 内不得堆放物品。地下消火栓必须符合防火规范。
	消防保卫	4.3.18　防水施工时应有明显的“严禁烟火”警示标志。使用喷灯前应检查开关及零部件是否完好，严禁在防水作业现场加油。在狭窄基坑和肥槽进行防水作业时应确保有双向疏散通道和金属爬梯。防水施工与电气焊不得交叉作业。
《建设工程施工现场供用安全规范》(GB 50194—2014)	发电设施	4.0.2.4　发电机组围不得有明火，不得存放易燃、易爆物。发电场所应设置可在带电场所使用的消防设施，并应标识清晰、醒目，便于取用。
	变电设施	5.0.3.4　变电所外醒目位置应标识维护运行机构、人员、联系方式等信息。
	变压器处	5.0.4.3　露天或半露天布置的变压器应设置不低于 1.7 m 高的固定围栏或围墙，并应在明显位置悬挂警示标识。
	配电设施	6.3.7　总配电箱、分配电箱内应分别设置中性导体(N)、保护导体(PE)汇流排，并有标识；保护导体(PE)汇流排上的端子数量不应少于进线和出线回路的数量。
	配电箱	6.3.9　配电箱内连接线绝缘层的标识色应符合下列规定： 相导体 L1、L2、L3 应依次为黄色、绿色、红色；中性导体(N)应为淡蓝色； 保护导体(PE)应为绿—黄双色；上述标识色不应滥用。
《建设工程施工现场供用安全规范》(GB 50194—2014)	架空线路	7.2.7　架空线路穿越道路处应在醒目位置设置最大允许通过调度警示标识。
	配电线路	7.3.1　直埋线路宜采用有外护层的铠装电缆，芯线绝缘层标识应符合本规范第 6.3.9 条规定。 7.3.2　直埋电缆应沿道路或建筑物边缘埋设，并宜沿直线敷设，直线段每隔 20 m 处、转变处和中间接头处应设电缆走向标识桩。 7.4.2.2　电缆线路敷设路径应有醒目的警告标识。 7.5.4.4　应悬挂醒目的警告标识。
	供用电设施的管理、运行及维护	12.0.7　配电箱柜的柜门上应设警示标识。
	供用电设施的拆除	13.0.2　在拆除前，被拆除部分应与带电部分在电气上进行可靠断开、隔离，应悬挂警示牌，并应在被拆除侧挂临时接地线或投接通地刀闸。

续上表

引用标准	悬挂标识的种类或须悬挂标识的部位	具 体 条 款
《建设工程施工现场消防安全技术规范》(GB 50720—2011)	总平面布局	3.3.2.3 临时消防车道的右侧应设置消防车行进路线指示标识。
	建筑防火	4.3.2.7 临时疏散通道应设置明显的疏散指示标识。 4.3.6 作业场所应设置明显的疏散指示标志,其指示方向应指向最近的临时疏散通道入口。 4.3.7 作业层的醒目位置应设置安全疏散示意图。
	临时消防设施	5.1.6 临时消防给水系统的贮水池、消火栓泵、室内消防竖管及水泵接合器等应设置醒目标识。 5.3.17 施工现场临时消防给水系统应与施工现场生产、生活给水系统合并设置,但应设置将生产、生活用水转为消防用水的应急阀门,应急阀门不应超过2个,且应设置在易于操作的场所,并应设置明显标识。
	防火管理	6.2.2 可燃材料及易燃易爆危险品应按计划限量进场。进场后可燃材料宜存放于库房内,露天存放时,应分类成垛堆放,垛高不应超过2 m,单垛体积不应超过50 m^3,垛与垛之间的最小间距不应小于2 m,且应采用不燃或难燃材料覆盖;易燃易爆危险品应分类专为储存,库房内应通风良好,并应设置严禁明火标志。
	其他防火管理	6.4.1 施工现场的重点防火部位或区域应设置防火警示标识。 6.4.3 临时消防车道、临时疏散通道、安全出口应保持畅通,不得遮挡、挪动疏散指示标识,不得挪用消防设施。
《施工现场临时建筑物技术》(JGJ/T 188—2009)	总平面	4.2.1 办公区、生活区和施工作业区应分区设置,且应采取相应的隔离措施,并应设置导向、警示、定位、宣传等标识。
	建筑设备	8.2.9 生活饮用水池(或水箱)应与其他用水的水池(或水箱)分开设置,且应有明显的标识,生活饮用水池(或水箱)应采用独立的结构形式,不宜埋地设置,且应采取防污染措施。
	电气	8.4.25 临时建筑的电气防火、应急照明和疏散指示标志应符合现行国家标准《建筑设计防火规范》(GB 50016)的有关规定。
	施工安装	9.5.6 电器配置应满足设计要求。配电箱、柜的金属框架接地应可靠,装有电器的可开启门与框架的接地端子间应用裸编织铜线连接,且应有标识。
《施工现场临时用电安全技术规范》(JGJ 46—2005)	外电线路防护	4.1.6 当达不到本规范第4.1.2~4.1.4条中的规定时,必须采取绝缘隔离措施,并应悬挂醒目的警告标志。
	配电室	6.1.8 配电柜或电线路停电维修时,应挂接地线,并应悬挂“禁止合闸、有人工作”停电标志牌。停送电必须由专人负责。

续上表

引用标准	悬挂标识的种类或须悬挂标识的部位	具体条款
《施工现场临时用电安全技术规范》（JGJ 46—2005）	电缆线路	7.2.3　电缆线路应采用埋地或架空敷设，严禁沿地面明设，并应避免机械损伤和介质腐蚀。埋地电缆路径应设方位标志。
	配电箱及开关箱的设置	8.1.12　配电箱、开关箱内的连接线必须采用铜芯绝缘导线。导线绝缘的颜色标志应按本规范第 5.1.11 条要求配置并排列整齐；导线分支接头不得采用螺栓压接，应采用焊接并做包扎，不得有外露带电部分。
	使用与维护	8.3.1　配电箱、开关箱应有名称、用途、分路标记及系统接线图。 8.3.4　对配电箱、开关箱进行定期维修、检查时，必须将其前一级相应的电源隔离开关分闸断电，并悬挂“禁止合闸、有人工作”停电标志牌，严禁带电作业。
《建设工程施工现场环境与卫生标准》（JGJ 146—2013）	基本规定	3.0.10　施工单位应采取有效的防护措施。参建单位必须为施工人员提供必备的劳动防护用品，施工人员应正确使用劳动防护用品。劳动防护用品应符合现行行业标准《建筑施工作业劳动防护用品配备及使用标准》JGJ 84 的规定。
		3.0.11　有毒有害作业场所应在醒目位置设置安全警示标识，并应符合现行国家标准《工作场所职业病危害警示标识》GBZ 158 的规定。施工单位应依据有关规定对从事有职业病危害作业的人员定期进行体检和培训。
	环境卫生临时设施	5.1.2　生活区、办公区的通道、楼梯处应设置应急疏散、逃生指示标识和应急照明灯。宿舍内宜设置烟感报警装置。
	卫生防疫	5.2.6　生熟食品应分开加工和保管，存放成品或半成品的器皿应有耐冲洗的生熟标识。成品或半成品应遮盖，遮盖物品应有正反面标识。各种佐料和副食应存放在密闭器皿内，并应有标识。

附件 4：

标准、规范、规程对应风力停止施工作业的规定

风力级别	限制措施	引用标准	具 体 条 款
四级及以上	停止土方运输、土方开挖、土方回填、房屋拆除以及其他可能产生扬尘污染的施工作业。	《绿色施工管理规程》(DB11/513—2015)	6.1.7　风力四级及以上，不得进行土方运输、土方开挖、土方回填、房屋拆除以及其他可能产生扬尘污染的施工作业。
	停止顶升作业	《建设工程施工现场安全防护、场容卫生及消防保卫标准》(DB11/945—2012)	2.11.9　吊装作业时，必须严格遵守施工组织设计、安全技术交底和专项施工方案的要求，吊物严禁超出施工现场的范围。六级及以上强风天气必须停止吊装作业，四级及以上大风严禁顶升等作业。
	停止拆除作业	《建设工程施工现场安全防护、场容卫生及消防保卫标准》(DB11/945—2012)	2.13.11　雨、雪、雾天气及风力大于四级(含四级)时不得进行拆除作业。
五级及以上	停止焊接、切割等室外动火作业	《建设工程施工现场消防安全技术规范》(GB 50720—2011)	6.3.1.7　五级(含五级)以上风力时，应停止焊接、切割等室外动火作业，确需动火作业时，应采取可靠的挡风措施。
	停止露天高处作业	《建设工程施工现场安全防护、场容卫生及消防保卫标准》(DB11/945—2012)	2.8.2　五级以上大风天气应停止露天高处作业。
	停止大模板吊装作业	《建设工程施工现场安全防护、场容卫生及消防保卫标准》(DB11/945—2012)	2.3.10　五级(含五级)以上大风应停止大模板吊装作业。
	停止附着式升降脚手架升降作业和拆除作业	《建筑施工工具式脚手架安全技术规范》(JGJ 202—2010)	4.7.8　附着式升降脚手架架体升降到位固定后，应按本规范表8.1.3进行检查，合格后方可使用；遇5级及以上大风和大雨、大雪、浓雾和雷雨等恶劣天气时，不得进行升降作业。 4.9.4　拆除作业应在白天进行。遇5级及以上大风和大雨、大雪、浓雾和雷雨等恶劣天气时，不得进行拆除作业。

续上表

风力级别	限制措施	引用标准	具　体　条　款
五级及以上	停止吊篮作业	《建筑施工工具式脚手架安全技术规范》(JGJ 202—2011)	5.5.19　当吊篮施工遇有雨雪、大雾、风沙及5及以上大风等恶劣天气时，应停止作业，并应将吊篮平台停放在地面，应对钢丝绳、电缆进行绑扎固定。
	停止提升或下降工具式脚手架	《建筑施工工具式脚手架安全技术规范》(JGJ 202—2011)	7.0.15　遇5级以上大风和雨天，不得提升或下降工具式脚手架。
	停止临建房屋的安装作业	《建设工程临建房屋应用技术标准》(DB11/693—2017)	6.2.5　临建房屋安装应按设计文件要求，保证连接可靠，并应做好屋面及窗口的防水处理。当遇五级以上大风、大雾、暴雨、雷电等恶劣天气时，应停止作业，并对已安装的围护材料做好防护处理，防止脱落。
	停止临时建筑的拆除作业[临时建筑:施工现场使用的暂设性办公用房、生活用房、围挡等建(构)筑物]	《施工现场临时建筑物技术规范》(JGJ/T 188—2009)	12.1.6　拆除区周围应设立围栏、挂警告牌，并应派专人监护，严禁无关人员逗留。当遇到五级以上大风、大雾及雨雪等恶劣天气时，不得进行临时建筑的拆除作业。
六级及以上	停止吊装作业	《建设工程施工现场安全防护、场容卫生及消防保卫标准》(DB11/945—2012)	2.11.9　吊装作业时，必须严格遵守施工组织设计、安全技术交底和专项施工方案的要求，吊物严禁超出施工现场的范围。六级及以上强风天气必须停止吊装作业，四级及以上大风严禁顶升等作业。
	停止爬模施工作业	《液压爬升模板工程技术规程》(JGJ 159—2010)	9.0.11　遇有六级以上强风、浓雾、雷电等恶劣天气，停止爬模施工作业，并应采取可靠的加固措施。
	停止脚手架、模板支架的搭设与拆除。停止假体搭设、使用及拆除作业。	《钢管脚手架、模板支架安全选用技术规程》(DB11/T 583—2015)	9.0.3　雨雪天及六级以上大风天不得在室外进行脚手架、模板支架的搭设与拆除。当有六级及以上强风、浓雾、雨或雪天气时，应停止架体搭设、使用及拆除作业。
	停止露天攀登与悬空高处作业	《建筑施工高处作业安全技术规范》(JGJ 80—2016)	3.0.8　当遇有6级以上强风、浓雾、沙尘暴等恶劣气候，不得进行露天攀登与悬空高处作业。
	停止架上作业	《建筑施工脚手架安全技术统一标准》(GB 51210—2016)	11.2.3　雷雨天气、6级及以上强风天气应停止架上作业；雨、雪、雾天气应停止脚手架的搭设和拆除作业；雨、雪、霜后上架作业应采取有效的防滑措施，并应清除积雪。

续上表

其他	《建筑施工塔式起重机安装、使用、拆卸安全技术规程》(JGJ 196—2010) 3.4.8　雨雪、浓雾天气严禁进行安装作业。安装时塔式起重机最大高度处的风速应符合使用说明书的要求,且风速不得超过 12 m/s。 4.0.9　遇有风速在 12 m/s 及以上的大风或大雨、大雪、大雾等恶劣天气时,应停止作业。雨雪过后,应先经过试吊,确认制动器灵敏可靠后方可进行作业。夜间施工应有足够照明,照明的安装应符合现行行业标准《施工现场临时用电安全技术规范》(JGJ 46—2005)的要求。 《建筑施工升降机安装、使用、拆卸安全技术规程》(JGJ 215—2010) 4.2.6　当遇大雨、大雪、大雾或风速大于 13 m/s 等恶劣天气时,应停止安装作业。 5.2.9　当遇大雨、大雪、大雾、施工升降机顶部风速大于 20m/s 或导轨架、电缆表面结有冰层时,不得使用施工升降机。 《龙门架及井架物料提升机安全技术规范》(JGJ 88—2010) 11.0.10　物料提升机在大雨、大雾、风速 13 m/s 及以上大风等恶劣天气时,必须停止运行。

风级与风速关系表

风级	0	1	2	3	4	5	6	7	8	9	10	11	12
风速(m/s)	0.0~0.2	0.3~1.5	1.6~3.3	3.4~5.4	5.5~7.9	8.0~10.7	10.8~13.8	13.9~17.1	17.2~20.7	20.8~24.4	24.5~28.4	28.5~32.6	>32.6